中高职一体化课程改革（应用化工技术专业）配套教材

无机化学

Inorganic Chemistry

戚海华 ◎ 总主编

杨鸿飞　俞　婕 ◎ 主编

杨　玲　简启玮　钟　娜 ◎ 参编

ZHEJIANG UNIVERSITY PRESS
浙江大学出版社
·杭州·

图书在版编目（CIP）数据

无机化学 / 杨鸿飞，俞婕主编. -- 杭州 ：浙江大学出版社，2025. 7. --（中高职一体化课程改革（应用化工技术专业）配套教材 / 戚海华总主编）. -- ISBN 978-7-308-26522-5

Ⅰ. O61

中国国家版本馆 CIP 数据核字第 2025N3E606 号

无机化学

WUJI HUAXUE

总主编 戚海华

主　编 杨鸿飞　俞　婕

策划编辑 柯华杰

责任编辑 徐　霞

责任校对 王元新

封面设计 续设计

出版发行 浙江大学出版社

（杭州市天目山路 148 号　邮政编码 310007）

（网址：http://www.zjupress.com）

排　　版 杭州星云光电图文制作有限公司

印　　刷 杭州宏雅印刷有限公司

开　　本 787mm×1092mm　1/16

印　　张 14.25

插　　页 2

字　　数 263 千

版 印 次 2025 年 7 月第 1 版　2025 年 7 月第 1 次印刷

书　　号 ISBN 978-7-308-26522-5

定　　价 48.00 元

中高职一体化课程改革(应用化工技术专业)配套教材编写委员会

INTRODUCTION

编写说明

党的二十大报告指出:“教育、科技、人才是全面建设社会主义现代化国家的基础性、战略性支撑”,提出“人才是第一资源”,要“深入实施科教兴国战略、人才强国战略”。①

为进一步完善现代职业教育体系,更好地适应产业跃迁和学生全面发展的需要,浙江省先试先行,开启了中高职一体化课程改革的探索和实践。2021 年 6 月,浙江省教育厅办公室印发《浙江省中高职一体化课程改革方案》,首批遴选 10 个大类 30 个行业岗位技术含量高、专业技能训练周期长、社会需求相对稳定、适合中高职一体化培养的专业,探索长学制培养高素质技术技能人才。2023 年 12 月,教育部和浙江省人民政府印发《关于加快职业教育提级赋能服务共同富裕示范区建设实施方案的通知》,明确提出要“打造互融互通的技术技能人才成长通道”“改革创新长学制人才培养模式”。中高职一体化课程改革先后被列入《浙江省教育事业发展“十四五”规划》《浙江省职业教育“十四五”发展规划》,成为浙江省“十四五”期间职业教育重点工作。

本轮课改秉承立德树人、德技并修的育人理念,立足服务国家重大战略、产业转型升级和人才培养需求,以培养高素质技术技能人才为核心,遵循技术技能人才的成长规律,坚持“省域统筹、协同推进,一体设计、递进培养,科研引领、调研先行”的课改原则。统筹推进,由国家“双高”院校牵头,组织开设同一专业的中高职院校共同开展课程改革;一体设计,科学设计“专业调研—职业能力分析—专业教学标准研制—核心课程标准研制”的技

① 习近平. 高举中国特色社会主义伟大旗帜 为全面建设社会主义现代化国家而团结奋斗:在中国共产党第二十次全国代表大会上的报告[N]. 人民日报,2022-10-26(1).

术路线，以专业教学标准为依据，实现中高职课程的一体化设计和教学内容的有效衔接与递进；科研引领，通过设立省中高职一体化课改重大课题，采取首席专家领衔制开展研究，助推课程改革，并以问题为导向，聚焦目前中高职衔接中人才培养目标模糊、课程内容重复等主要问题，全面了解、准确把握行业企业发展趋势及人才需求、中高职学校教学现状及人才培养情况，在深度调研、科学论证的基础上，整体设计人才培养目标及规格，研制了中高职一体化专业标准体系。截至目前，浙江省已完成 30 个专业的中高职一体化职业能力标准、专业教学标准及 451 门核心课程标准的制定。2023 年 8 月，浙江省教育厅办公室正式发布《浙江省中高职一体化 30 个课改专业教学标准》。

为打通课程改革“最后一公里”，全面落实中高职一体化专业教学标准进课堂，推动课程改革落地见效，浙江省同步启动 30 个专业的中高职一体化课改系列教材编写工作。我们邀请行业企业专家、职教专家、教研员及中高职一线骨干教师组成教材编写组，根据先期形成的专业教学标准和核心课程标准，共同开发本系列教材，几经论证、修改，现付梓。本系列教材注重产教融合，将行业需求、企业实践与教学紧密结合，内容上体现产业发展的新技术、新工艺、新规范。

由于时间紧，任务重，教材中难免出现不足之处，敬请专家、读者提出宝贵的意见和建议，以求不断改进和完善。

浙江省教育厅职成教教研室

PREFACE

前言

无机化学是化工类各专业必修的一门重要的专业基础课。本课程的任务是使学生在初中化学知识的基础上，进一步学习无机化学的基础理论、基本知识，掌握化学反应的一般规律和基本化学计算方法，培养学生分析问题、解决问题的能力，为学习后续课程和从事化工技术工作打下比较坚实的基础。

本教材以中高职一体化课程改革为大背景，准确把握中等职业教育的特点，体现中职教育的改革和发展方向。在知识点选取上，以必需、够用为原则，淡化理论，强化应用；在模块设计上，一方面体现行业特色，另一方面考虑学生学情，遵循认知规律。本教材根据《中等职业学校化学教学大纲》和"无机化学"教学标准，在内容上，尽量选取来自化工行业的具体案例，贴近生产，反映前沿；在教材的表现形式上，除了提供贴近生活、生产的图片外，还设计了二维码，链接小视频、微实验，力求实用、新颖，激发学生的学习兴趣。本教材具有如下特色。

一、有机融入思政元素，落实立德树人根本任务

在模块内容的呈现上，从"走近化学""化工强国""现代材料"到"生态兴国"，全方位展示化学在"中华民族从站起来、富起来到强起来"进程中所作的巨大贡献；除此之外，在栏目上设计思政微课堂，结合内容，以案例的形式适时介绍我国在化学发展历史上的贡献，增强学生的民族自豪感和社会责任感。

二、创新编写体例，突出职教特色

本教材在编写体例上进行了新的尝试。以项目为引领，以任务为驱动，以完成一个具体的、完整的项目为核心实施教学活动，希望"将一个相对独立的任务项目交予学生独立完成，从信息的收集、方案的设计与实施，到完成后的评价，都由学生具体负责"，旨在让学生在实施项目、完成任务的过程中，实现将知识和技能内化为能力的转变。

三、配套数字化教学资源，支撑一线教学

为助力课程改革和教学活动，本教材配套面向教师的示教资源和面向学生的辅教资源，包括演示文档、电子教案、教学动画、微课视频、示教视频、在线开放课程等。支持传统教学和混合式教学、移动式教学等信息化教学模式的融合创新。用户可通过扫描二维码获取相关资源。

本书由浙江省教育科学研究院组织编写，戚海华担任系列教材总主编，杨鸿飞、俞婕担任本书主编并统稿，杨玲、简启玮、钟娜参与了本书编写工作。本书在编写过程中，还邀请了浙江新安化工集团股份有限公司郑应建、杭州市环保产业协会石锷等相关行业企业的工程技术人员参与了研讨和编写工作，以使书稿内容能够进一步贴近生产实际，体现岗位需求，满足一线教学需要。

本书在编写过程中参考了有关文献资料，谨向原作者及相关专家，以及直接或间接、有形或无形提供帮助的朋友们表示敬意与感谢！

本书对传统教材进行了解构和重组，引入了生产实际中的流程与环节，是一次创新的实践，加之编写时间仓促，编者水平有限，书中难免存在不足之处，恳请使用本书的师生和读者批评指正，以期能够不断提高。

编　者

CONTENTS

目录

模块 1　走近化学 …… 1
项目 1.1　物质结构 …… 2
任务 1.1.1　认识原子结构 …… 3
任务 1.1.2　认识元素周期律 …… 9
任务 1.1.3　认识化学键 …… 14
项目 1.2　电解质溶液和离子反应 …… 20
任务 1.2.1　认识电解质 …… 21
任务 2.2.2　认识离子反应 …… 26
项目 1.3　化学基本量及其计算 …… 34
任务 1.3.1　认识物质的量 …… 35
任务 1.3.2　认识物质的量浓度 …… 39
任务 1.3.3　根据化学方程式计算 …… 42
模块小结 …… 47
模块 2　化工强国 …… 50
项目 2.1　从侯氏制碱到钠产业 …… 51
任务 2.1.1　认识碳酸钠和碳酸氢钠 …… 52
任务 2.1.2　认识金属钠 …… 56
任务 2.1.3　认识氧化钠和过氧化钠 …… 61
项目 2.2　工业盐酸 …… 67
任务 2.2.1　认识盐酸 …… 68
任务 2.2.2　认识氯气 …… 72
任务 2.2.3　认识卤族元素 …… 78
项目2.3　电池工业 …… 84

任务 2.3.1 认识氧化还原反应 …… 85
任务 2.3.2 认识氧化剂和还原剂 …… 91
任务 2.3.3 认识生活中的电化学 …… 95
模块小结 …… 102
模块 3 现代材料 …… 104
项目 3.1 金属材料与大国重器 …… 105
任务 3.1.1 认识铁碳合金 …… 106
任务 3.1.2 认识铝合金 …… 114
任务 3.1.3 认识新型合金 …… 123
项目 3.2 无机非金属材料 …… 129
任务 3.2.1 认识硅酸盐材料 …… 130
任务 3.2.2 认识半导体材料 …… 136
任务 3.3.3 认识光导纤维 …… 140
模块小结 …… 146
模块 4 生态兴国 …… 148
项目 4.1 大气污染及其防治 …… 149
任务 4.1.1 认识大气污染 …… 150
任务 4.1.2 认识硫及其化合物 …… 154
任务 4.1.3 认识碳中和 …… 161
项目 4.2 水体污染及其净化 …… 172
任务 4.2.1 认识富营养化 …… 173
任务 4.2.2 认识 pH …… 180
任务 4.2.3 认识水净化 …… 184
项目 4.3 土壤污染及其修复 …… 190
任务 4.3.1 认识土壤污染 …… 191
任务 4.3.2 认识钙及其化合物 …… 198
任务 4.3.3 认识土壤修复 …… 203
模块小结 …… 211
参考文献 …… 215
附录 1 任务评价样表 …… 216
附录 2 本书配套数字资源索引 …… 217
附录 3 元素周期表 …… 219

模块 1　走近化学

化学是一门历史悠久而又充满活力的学科，是人类认识和改造世界的主要方法和手段之一，是自然科学的重要组成部分。在 6000 多年前的新石器时代，我们的祖先就能烧制陶器；在距今 3600 年的商代，人类就制造出了“青铜器之王”后母戊鼎；火药、造纸等发明更是举世闻名。在近代中国，20 世纪 40 年代化工专家侯德榜提出“联合制碱法”；60 年代，中国在世界上第一个合成人工牛胰岛素；70 年代，中国独创无氰电镀新工艺取代有毒的氰法电镀。2023 年，杭州第 19 届亚运会在人类史上首次将绿色甲醇作为主火炬燃料。随着历史的发展和生态文明建设的推进，化学正朝着更加多元的方向服务人类文明的发展。

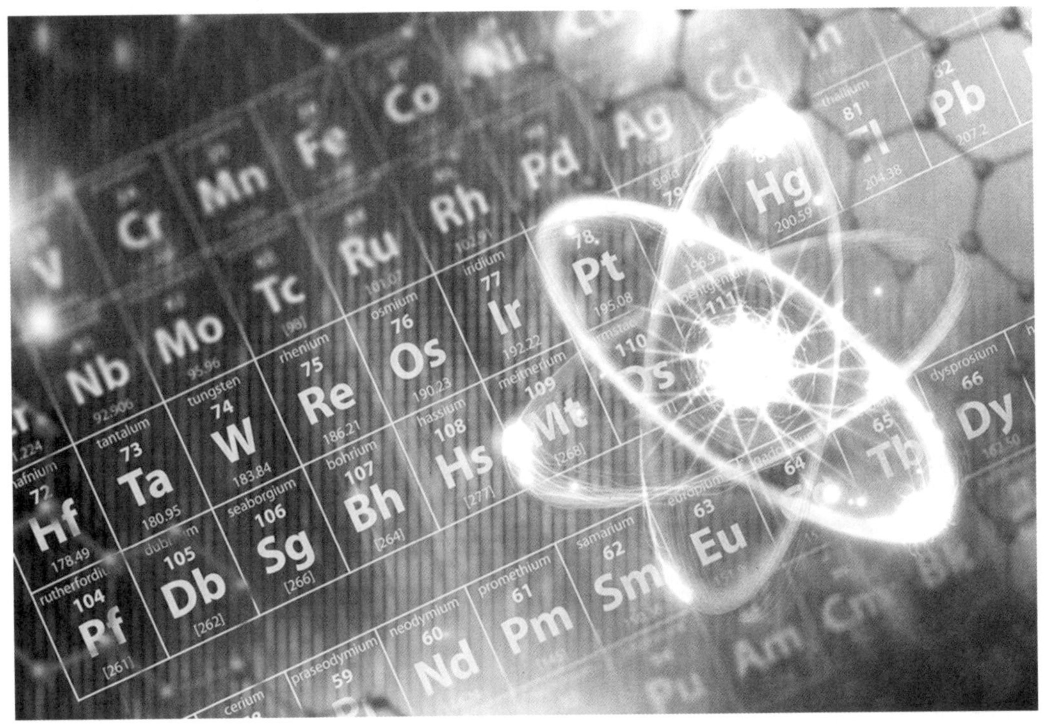

项目 1.1　物质结构

项目背景

丰富多彩的物质世界是由一百多种元素组成的。那么，这些元素之间有什么内在联系吗？它们是如何相互结合形成多种多样的物质呢？物质在不同条件下表现出来的各种性质，都与它们的微观结构和化学组成有关。为了在本质上了解微观世界，认识物质的性质及其变化规律，本项目从原子结构出发，进一步学习原子组成、元素周期表和元素周期律，认识元素性质和原子结构之间的关系，探究原子在形成分子时的相互作用。在微观理论的指导下，合成的新化合物数量逐年迅速增加，特种功能材料的研制日新月异，为航天器、移动通信等高科技领域的发展提供了众多的原料，同时也为人们的日常生活提供了更加丰富多彩的新型产品。

目标预览

1. 理解原子结构、元素周期律，能画出 1～18 号元素的原子结构示意图。
2. 掌握离子键、共价键的概念，能书写化合物的电子式、判断化学键类型。
3. 理解分子的极性，能判断化合物的类型。

项目导学

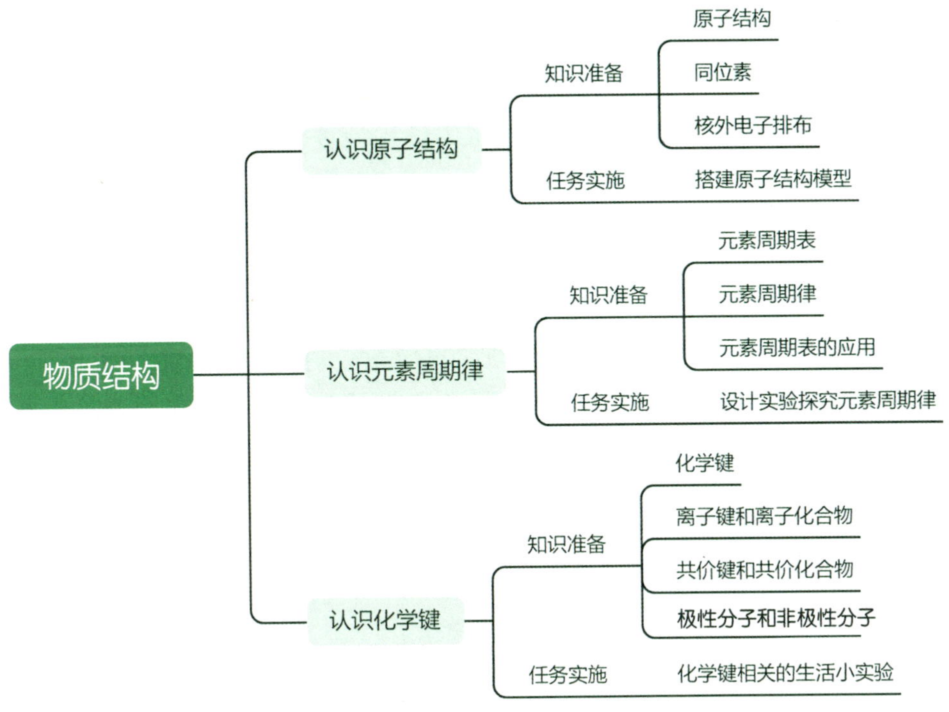

任务 1.1.1 认识原子结构

【任务描述】

在初中阶段，我们对化学物质有了一些初步的认识和了解，学习了一些常见的化学反应。在本任务中，我们将从原子结构出发，进一步学习原子的组成，探究原子核外电子的排布，认识同位素；从原子的结构和组成出发，初步了解物质宏观现象和微观结构之间的联系，根据原子核外电子排布的规律画出 1～18 号元素的原子结构示意图，判断同位素。

【知识准备】

知识点1 原子结构

原子由原子核和核外电子构成，而原子核由更小的微粒——质子和中子构成。质子带正电荷，中子不带电，质子和中子依靠一种特殊的力——核力结合在一起。对一个原子来说：

核电荷数＝质子数＝核外电子数

电子的质量很小，相对于质子和中子的质量，可以忽略不计，因此原子的质量几乎全部集中在原子核上。也就是说，原子的质量可以看作原子核中质子的质量和中子的质量之和。人们将原子核中质子数和中子数之和称为**质量数**。

质量数(A)＝质子数(Z)＋中子数(N)

一般用符号$^{A}_{Z}X$表示一个质量数为A、质子数为Z的原子，那么，构成原子的有关微粒之间的关系可表示为：

原子 $^{A}_{Z}X$
- 原子核
  - 质子　Z个
  - 中子　($A-Z$)个
- 核外电子　Z个

知识点2 同位素

元素是具有相同质子数(核电荷数)的一类原子的总称，即同种元素原子的原子核中质子数是相同的。而精确的测定结果证明，在同种元素原子的原子核中，中子数不一定相同，如氢元素的原子核(见图1-1)。

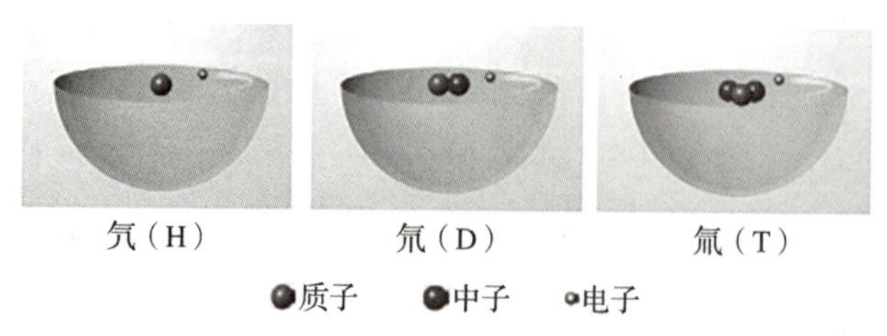

原子	氕	氘	氚
俗称	–	重氢	超重氢
发现年份	1766	1931	1934

图1-1　氢元素的三种同位素

把具有一定数目质子和一定数目中子的一种原子叫作**核素**，如$^{1}_{1}H$、$^{2}_{1}H$、$^{3}_{1}H$就各为一种核素。质子数相同而中子数不同的同一元素的不同原子互称为**同位素**(即同一元素的不同核素互称为同位素)，如$^{1}_{1}H$、$^{2}_{1}H$、$^{3}_{1}H$互为同位素。“同位”是指核素的质子数相同，在元素周期表中占有相同的位置。同一元素的不同核素的中子数不同，质量数也不相同。

天然存在的同位素，相互间保持一定的比例。元素的相对原子质量，就是按照该元素各种核素所占的一定百分比计算出来的平均值。例如，自然界中的氯元素有 ^{35}Cl 和 ^{37}Cl，已知它们分别占 75％和 25％，则自然界中氯元素相对原子量＝35×0.75＋37×0.25＝35.5。许多元素都有同位素，例如，碳元素有 $^{12}_{6}\text{C}$、$^{13}_{6}\text{C}$、$^{14}_{6}\text{C}$ 等核素，铀元素有 $^{234}_{92}\text{U}$、$^{235}_{92}\text{U}$、$^{238}_{92}\text{U}$ 等核素。在同位素中，有些具有放射性，称为**放射性同位素**。同位素在生活、生产和科学研究中有着重要的用途。例如，考古时可利用 $^{14}_{6}\text{C}$ 测定一些文物的年代；$^{2}_{1}\text{H}$、$^{3}_{1}\text{H}$ 用于制造氢弹；可以利用放射性同位素释放的射线育种、给金属探伤、诊断和治疗疾病等。

知识点 3 核外电子排布

现代物质结构理论认为，在含有多个电子的原子里，电子的能量并不相同，能量低的电子通常在离核较近的区域内运动，能量高的电子通常在离核较远的区域内运动。通常用电子层来表明这种离核远近不同的区域。将能量最低、离核最近的电子层称为第一电子层，能量稍高、离核稍远的电子层称为第二电子层……由内向外依次类推，共有 7 个电子层。这些电子层由内向外可依次用 K、L、M、N、O、P、Q 表示。

电子的排布规律如下：

①每个电子层最多能容纳 $2n^2$（n 代表电子层数）个电子；

②最外层所能容纳的电子不超过 8 个（第一层为最外层时不超过 2 个）；

③次外层的电子数不超过 18 个。

人们常用原子结构示意图来简明地表示电子在原子核外的分层排布情况。图 1-2 给出了核电荷数为 1～18 的元素的原子结构示意图。

第一周期	1 H (+1) 1							2 He (+2) 2
第二周期	3 Li (+3) 2 1	4 Be (+4) 2 2	5 B (+5) 2 3	6 C (+6) 2 4	7 N (+7) 2 5	8 O (+8) 2 6	9 F (+9) 2 7	10 Ne (+10) 2 8
第三周期	11 Na (+11) 2 8 1	12 Mg (+12) 2 8 2	13 Al (+13) 2 8 3	14 Si (+14) 2 8 4	15 P (+15) 2 8 5	16 S (+16) 2 8 6	17 Cl (+17) 2 8 7	18 Ar (+18) 2 8 8

图 1-2 短周期元素的原子结构

元素的性质与原子的最外层电子数密切相关。例如，稀有气体元素原子最外层电子数为 8(氦原子除外，它的最外层只有 2 个电子)，原子结构稳定，原子既不容易获得电子也不容易失去电子；金属元素原子最外层电子数一般小于 4，原子较易失去电子而形成阳离子；非金属元素原子最外层电子数一般大于或等于 4，原子较易获得电子而形成阴离子。

元素的化合价与原子的电子层结构，特别是最外层电子数有关。例如，稀有气体元素原子的电子层已达到稳定结构，元素通常表现为 0 价；钠原子的最外层只有 1 个电子，原子容易失去 1 个电子形成 Na^+ 而达到稳定结构，因此钠元素在化合物中呈 +1 价；氯原子的最外层有 7 个电子，原子容易获得 1 个电子形成 Cl^- 而达到稳定结构，因此氯元素在氯化钠、氯化镁等氯化物中呈 −1 价，见图 1-3。

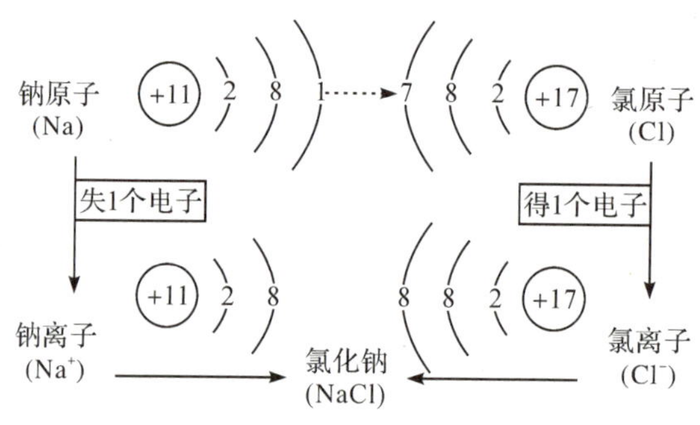

图 1-3　氯化钠的形成过程

【任务实施】

搭建原子结构模型

原子结构模型发展是指从 1803 年道尔顿提出的第一个原子结构模型开始，一代代科学家不断地发现和提出新的原子结构模型的过程。英国自然科学家道尔顿提出了世界上第一个原子结构模型——实心球原子模型；1904 年，英国科学家汤姆逊提出了葡萄干蛋糕原子结构模型；1911 年，英国物理学家卢瑟福否定了葡萄干模型并提出了行星模型；1913 年，丹麦物理学家玻尔在行星模型基础上提出了量子化结构模型；20 世纪 20 年代以来，科学家们又提出了现代模型——电子云模型。

模型的构建可以让我们更好地认识原子的构成，请你利用所学知识搭建原子结构模型。

第一步：查阅

(1)了解原子结构模型发展简史。

(2)了解原子结构模型图。

(3)了解原子结构模型理论。

第二步:决策

根据所查阅的资料,选择你喜欢的一种元素,并根据它的原子构成搭建一个原子结构模型。

我们的决策

选择的元素:

选择的材料:

实施步骤:

第三步:实施

自制简易原子结构模型:利用生活中的物品,设计和制作简易原子结构模型,说明设计依据和特点。展示自制的模型,与同学分享交流。范例见图1-4。

图1-4 自制Li原子结构模型

第四步:反思与改进

【思考与练习】

1. 锶($^{90}_{38}Sr$)是一种放射性核素，有引发白血病的风险，这种核素的中子数和质子数之差为(　　)。

A. 38　　B. 52　　C. 12　　D. 14

2. 月球土壤中吸附着数百万吨的^{3}He，每百吨^{3}He核聚变所释放出的能量相当于目前人类一年消耗的能量。在地球上，氦元素主要以^{4}He的形式存在。下列说法中正确的是(　　)。

A. ^{4}He原子核内含有4个质子

B. ^{3}He原子核内含有3个中子

C. ^{3}He和^{4}He互为同位素

D. ^{4}He的最外层电子数为4

3. ^{14}C被誉为大自然的钟表，常用于测定动植物标本年龄。^{14}C的质子数是(　　)。

A. 6　　B. 8　　C. 10　　D. 14

4. 硅元素有^{28}Si、^{29}Si、^{30}Si三种同位素，硅的近似相对原子质量为28.1，自然界中^{28}Si的原子百分数为92%，则^{29}Si和^{30}Si的原子个数比为多少？

5. 查阅资料，调查宇宙中的放射性元素有哪些。任举三种，并计算它们的质子数和中子数。

【任务评价】

见附录1。

任务 1.1.2 认识元素周期律

【任务描述】

上一节我们了解了原子的结构和组成，那么元素之间又存在怎样的关系呢？本任务中，我们将探一探元素周期表，找一找元素周期律，再绘一绘周期表，了解元素周期表的结构和元素在周期表中的位置，认识元素周期表(律)在科学研究中的重要作用；认识元素性质呈周期性变化的规律及其变化的根本原因；初步形成解释、发现、分析、推理、总结等思维方法及应用能力。

【知识准备】

知识点 1 元素周期表

1869 年，俄国化学家门捷列夫在前人研究的基础上，将元素按照相对原子质量由小到大依次排列，并将化学性质相似的元素放在一起，制出了第一张元素周期表。

在周期表中，把电子层数目相同的原子，按原子序数递增的顺序从左到右排成横行，再把不同横行中最外层电子数相同的元素，按电子层数递增的顺序由上而下排成纵列。元素周期表有 7 个横行，18 个纵列。每个横行叫作一个**周期**，每个纵列叫作一个**族**(第 8、9、10 三个纵列共同组成第Ⅷ族)。元素周期表的第一周期最短，只有两种元素，第二、第三周期各有 8 种元素，前三周期称为短周期；其他周期称为长周期。每一周期中元素的电子层数相同，从左到右原子序数递增，周期的序数就是该周期元素所具有的电子层数。

元素周期表中，主族元素的族序数后标 A，由短周期元素和长周期元素共同构成；副族元素的族序数后标 B(除了第Ⅷ族)，完全由长周期元素构成。稀有气体元素的原子最外层电子数为 8(第一周期的氦最外层电子数为 2)，元素的化学性质不活泼，通常很难与其他物质发生化学反应，难以得失电子，因而叫作 **0 族**。周期表中有些族的元素有特别的名称，如第ⅠA 族(除了氢)叫作碱金属元素，第ⅦA 族叫作卤族元素等。

元素周期表的每个方格中，一般都标有元素的基本信息，如原子序数、元素符号、元素名称和相对原子质量等。根据需要，有的周期表方格中还标有质量数等信息，见图 1-5。

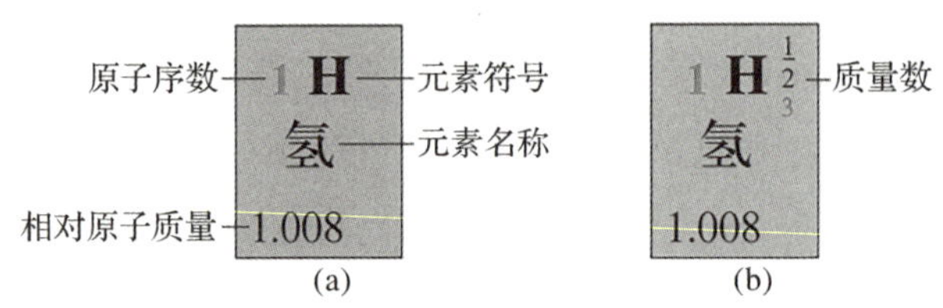

图 1-5　元素周期表的方格

知识点 2　元素周期律

元素周期律的发现是 19 世纪化学科学的重要成就之一。元素周期律指导人们开展了诸如预测元素及其化合物的性质、寻找或合成具有特殊性质的新物质等科学研究工作。研究原子序数为 1～18 的元素，可以帮助我们认识元素之间的内在联系和元素性质的变化规律，请看一看表 1-1，找一找规律。

表 1-1　1～18 号元素的原子最外层电子数、原子半径和主要化合价

	原子序数	1							2
第一周期	元素名称	氢							氦
	元素符号	H							He
	最外层电子数	1							2
	原子半径/nm	0.037							—
	主要化合价	+1							0
第二周期	原子序数	3	4	5	6	7	8	9	10
	元素名称	锂	铍	硼	碳	氮	氧	氟	氖
	元素符号	Li	Be	B	C	N	O	F	Ne
	最外层电子数	1	2	3	4	5	6	7	8
	原子半径/nm	0.152	0.089	0.082	0.077	0.075	0.074	0.071	—
	主要化合价	+1	+2	+3	+4、−4	+5、−3	−2	−1	0
第三周期	原子序数	11	12	13	14	15	16	17	18
	元素名称	钠	镁	铝	硅	磷	硫	氯	氩
	元素符号	Na	Mg	Al	Si	P	S	Cl	Ar
	最外层电子数	1	2	3	4	5	6	7	8
	原子半径/nm	0.186	0.160	0.143	0.117	0.110	0.102	0.099	—
	主要化合价	+1	+2	+3	+4、−4	+5、−3	+6、−2	+7、−1	0

通过探究可以发现，随着原子序数的递增，元素原子的最外层电子数、原子半径和化合价都呈现周期性的变化。在大量科学研究的基础上，可以发现元素的性质随着元素原子序数的递增而呈周期性变化，这个规律叫作**元素周期律**。元素性质的周期性变化是元素原子核外电子排布周期性变化的必然结果。

在同一周期中，各元素的原子核外电子层数虽然相同，但从左到右，核电荷数依次增多，原子半径逐渐减小，失电子能力逐渐减弱，得电子能力逐渐增强。金属性逐渐减弱，非金属性逐渐增强。元素的金属性和非金属性随着原子序数的递增而呈周期性变化。因此，我们可以在周期表中给金属和非金属元素分区，分界线左下方是金属元素，右上方是非金属元素，最后一个纵列是稀有气体元素。由于元素的金属性与非金属性之间并没有严格的界线，位于分界线附近的元素既能表现出一定的金属性，又能表现出一定的非金属性。

元素化合价与原子的电子层结构有密切的关系，主族元素的最高正化合价等于它所处的族序数，因为族序数与最外层电子数相同。一般我们把能决定化合价的电子，即参加反应的电子称为价电子。非金属元素的负化合价等于使原子达到8电子稳定结构所需得到的电子数。所以非金属元素的最高正化合价和它的负化合价的绝对值之和等于8。

知识点3 元素周期表的应用

元素在周期表中的位置，反映了元素的原子结构和性质。在认识了元素周期律之后，可以根据元素在周期表中的位置推测原子结构和性质，也可以根据元素的原子结构推测其在周期表中的位置和性质。例如，在周期表中金属与非金属的分界处可以找到半导体材料，如**硅**、**锗**、**镓**等；通常农药中所含有的**氟**、**氯**、**硫**、**磷**、**砷**等元素在周期表中的位置相近，这些元素位于周期表的右上角，了解其规律有助于研究出新品种的农药；在**过渡元素**中可以寻找制造催化剂和耐高温、耐腐蚀合金的元素。

【任务实施】

设计实验探究元素周期律

基于对原子结构与元素原子失电子能力之间关系的认识，可以通过设计金属相关的实验，探究元素周期律与化学性质之间的联系。

第一步：查阅

(1)了解同周期元素之间的特性。

(2)了解同主族元素之间的特性。

第二步：决策

(1)选择同周期或同主族的元素，设计实验。

(2)选择必要的仪器和试剂。

我们的决策

选择的周期或主族性质探究：

选择的试剂和仪器：

实施步骤：

第三步：实施(以钠、镁、铝同周期元素与盐酸的反应为例)

(1)在 3 支试管中分别加入 2mL 稀盐酸溶液，贴好标签备用。

(2)①用小刀切下一小块金属钠，用滤纸吸干表面的煤油，放入 1# 试管。

②取一小段镁条，用砂纸除去表面的氧化膜，放入 2# 试管。

③取一小片金属铝，用砂纸除去表面的氧化膜，放入 3# 试管。

(3)观察三支试管的现象，并记录如下。

试管编号	试剂	实验现象	实验结论
1#			
2#			
3#			

(4)思考：你对以上元素原子失电子能力强弱的预测正确吗？你从原子结构的角度对它们失电子能力强弱的解释是否合理？哪些证据支持了你的预测和解释？

第四步:反思与改进

【思考与练习】

1. 通过实验发现 O_2 和 Cl_2 的化学性质有相似之处,如果在一定条件下,二者都能和钠发生剧烈的化合反应,下列解释中最合理的是(　　)。

A. 都是由非金属元素组成的单质　　B. 都是由双原子分子构成

C. 组成元素的化合价相同　　D. 都是由非金属元素组成

2. 某种食品膨松剂由原子序数依次增大的 R、W、X、Y、Z 五种主族元素组成,五种元素分别处于三个短周期,X、Z 同主族,R、W、X 的原子序数之和与 Z 的原子序数相等,Y 原子的最外层电子数是 Z 原子的一半。下列说法不正确的是(　　)。

A. 简单氢化物的沸点:$W<X$

B. 最高正价:$Y<W<X$

C. R、W、X 既能形成共价化合物,也能形成离子化合物

D. 原子半径:$Y>Z>W>X$

3. 在元素周期表中,同一周期的主族元素从左到右非金属性逐渐增强。下列元素中非金属性最强的是(　　)。

A. Si　　B. P　　C. S　　D. Cl

4. 同一周期相邻的 A、B 两种短周期元素,A 的最高价氧化物化学式为 A_2O,11.6g B 的氢氧化物恰好能与 200g 7.3%的稀盐酸完全反应。通过计算,判断 B 在元素周期表中的位置。

5. 一些特殊环境要求设备的零部件具有耐高温、耐腐蚀的性能。依据元素周期表的分布和元素性质,应该在哪个区域寻找具备条件的合金材料?

【任务评价】

见附录 1。

任务 1.1.3 认识化学键

【任务描述】

我们已经学习了元素周期表，那么一百多种元素是如何形成成千上万种物质的呢？本任务我们将通过氯化钠和氯化氢的分子形成过程了解构成分子的微粒间的相互作用，建立化学键的概念，知道离子键和离子化合物，知道共价键和共价化合物，能够书写电子式，理解化学键断裂和形成是化学反应中物质变化的实质。

【知识准备】

知识点 1 化学键

原子既然能结合成分子，原子之间必然存在着相互作用，这种相互作用不仅存在于直接相邻的原子之间，而且也存在于分子内的非直接相邻的原子之间。前一种相互作用比较强烈，破坏它需要消耗较大的能量，它是使原子互相联结成分子的主要因素。这种相邻的两个或多个原子之间强烈的相互作用，叫作**化学键**。化学键的主要类型有离子键、共价键和金属键，见图 1-6。

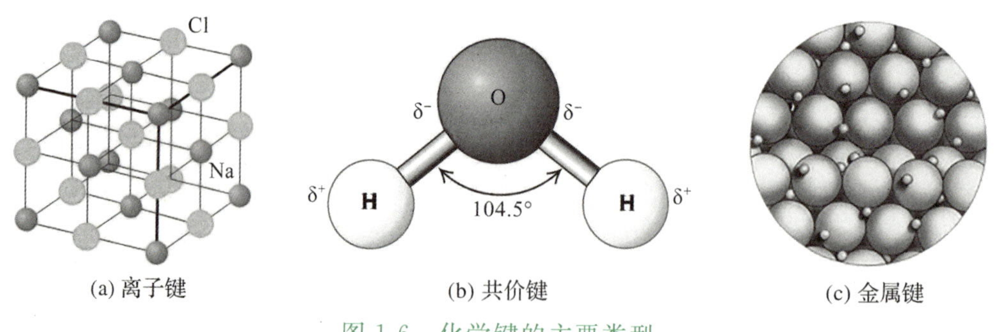

(a) 离子键　(b) 共价键　(c) 金属键

图 1-6　化学键的主要类型

知识点 2 离子键和离子化合物

氯化钠是我们熟悉的物质。从原子结构的角度来看，钠原子和氯原子是怎样形成氯化钠的呢？

根据钠原子和氯原子的核外电子排布，钠原子要达到8电子稳定结构，就需失去1个电子；而氯原子要达到8电子稳定结构，则需获得1个电子。钠与氯气反应时，钠原子的最外电子层上的1个电子转移到氯原子的最外电子层上，形成带正电荷的钠离子和带负电荷的氯离子。带相反电荷的钠离子和氯离子，通过静电作用结合在一起，从而形成与单质钠和氯气性质完全不同的氯化钠。人们把这种带相反电荷离子之间的相互作用叫作**离子键**。

像氯化钠这样，由离子键构成的化合物叫作**离子化合物**。例如，KCl、$MgCl_2$、$CaCl_2$、$ZnSO_4$、$NaOH$ 等都是离子化合物。通常，活泼金属（离子）或铵根离子与活泼非金属（离子）形成离子化合物。

在化学反应中，一般是原子的最外层电子发生变化，为简便起见，可以在元素符号周围用“·”或“×”来表示原子的最外层电子（价电子），这种式子叫作**电子式**。例如：

$\mathrm{Na}\cdot$	$:\overset{..}{\underset{..}{\mathrm{Cl}}}\cdot$	$\cdot\mathrm{Mg}\cdot$	$\cdot\overset{..}{\underset{..}{\mathrm{S}}}\cdot$
钠原子	氯原子	镁原子	硫原子

离子化合物的形成过程，可以用电子式表示。如氯化钠的形成过程可表示为：

$$\mathrm{Na}_{\times} + \cdot\overset{..}{\underset{..}{\mathrm{Cl}}}: \longrightarrow \mathrm{Na}^{+}[\,{}_{\times}^{\cdot}\overset{..}{\underset{..}{\mathrm{Cl}}}:\,]^{-}$$

知识点 3 共价键和共价化合物

我们以Cl为例来分析Cl_2的形成过程。Cl的最外层有7个电子，再获1个电子即可形成8电子稳定结构，所以氯原子间难以发生电子得失。如果2个氯原子各提供1个电子，形成共用电子对，2个氯原子就都形成了8电子稳定结构。像氯分子这样，原子间通过共用电子对所形成的相互作用叫作**共价键**。

不同种非金属元素化合时，它们的原子之间也能形成共价键。例如，HCl的形成过程可用下式表示：

$$\mathrm{H}_{\times} + \cdot\overset{..}{\underset{..}{\mathrm{Cl}}}: \longrightarrow \mathrm{H}\,{}_{\times}^{\cdot}\overset{..}{\underset{..}{\mathrm{Cl}}}:$$

像HCl这样，以共用电子对形成分子的化合物叫作**共价化合物**。例如H_2O、CH_4、CO_2等都是共价化合物。

在H_2、Cl_2这样的单质分子中，由同种原子形成共价键，两个原子吸引电子的能力相同，共用电子对不偏向任何一个原子，成键的原子因此而不显电性，这样的共价键叫作**非极性共价键**，简称**非极性键**。

在化合物分子中，不同种原子形成共价键时，因为原子吸引电子的能力不同，共用电子对偏向吸引电子能力强的一方，所以吸引电子能力较强的原子就带部分负电荷，吸引电子能力较弱的原子就带部分正电荷。例如，HCl 分子中，Cl 吸引电子的能力比 H 强，共用电子对偏向 Cl，Cl 一方相对显负电性，H 一方则相对显正电性。像这样共用电子对偏移的共价键叫作**极性共价键**，简称**极性键**。

由共价键形成的分子具有一定的空间结构。例如，二氧化碳分子呈直线形，水分子呈角形（V 形），氨分子呈三角锥形，甲烷分子呈正四面体形（见图 1-7）。

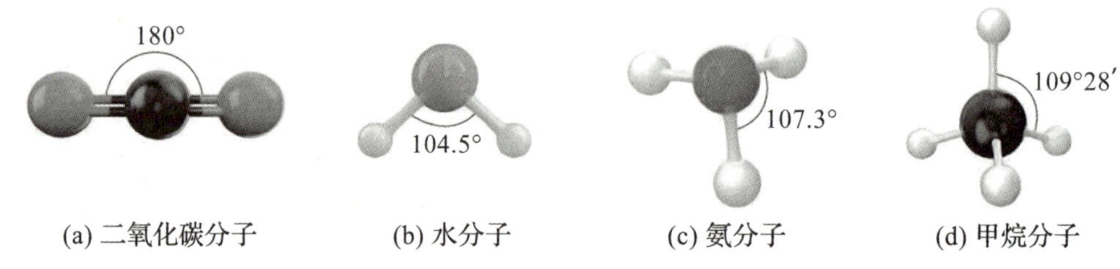

图 1-7　由共价键形成的分子空间结构

知识点 4　极性分子和非极性分子

在氢分子里，两个氢原子是以非极性键结合的，共用电子对不偏向于任何一个原子，从整个分子看，分子里电荷分布是对称的，这样的分子叫作非极性分子。以非极性键结合而成的双原子分子都是非极性分子。

以极性键结合的双原子分子，如在 HCl 分子里，Cl 原子和 H 原子是以极性键结合的，共用电子对偏向于 Cl 原子，因此 Cl 原子一端带有部分负电荷，氢原子一端带有部分正电荷，整个分子的电荷分布不对称，这样的分子叫作极性分子。以极性键结合的双原子分子都是极性分子。

以极性键结合的多原子分子，可能是极性分子，也可能是非极性分子，这取决于分子的组成和分子中各键的空间排列。

例如，二氧化碳是直线形分子，两个氧原子对称地分布在碳原子的两侧。

在 CO_2 分子中，氧原子吸引电子的能力大于碳原子，共用电子对偏向于氧原子一方，氧原子带部分负电荷，因此，C═O 键是极性键。但从 CO_2 分子总体来看，两个 C═O 键是对称排列的，其极性互相抵消，整个分子没有极性。所以，二氧化碳是非极性分子。

水分子不是直线形的，而是属于 V 形结构，两个 O—H 键之间的键角约为 104°30′，其中 O—H 键是极性键。从水分子整体来看，两个 O—H 键不是对称排列的，其极性不能相互抵消，所以水分子是极性分子。在四氯化碳分子中，四个 C—Cl 键都是极性键,但碳原子位于正四面体的中心,四个氯原子位于四个顶点(C—Cl 键的夹角是 109°28′),对称地排列在碳原子的周围,故 CCl_4 是非极性分子。

总之,多原子分子是否具有极性,由分子的组成和分子中各键的空间排列所决定。

【任务实施】

化学键相关的生活小实验

化学与生活密不可分,我们可以利用所学知识来解决生活中的问题。为什么氨气极易溶于水?衣服上沾有油漆为什么用汽油能洗干净?为什么胡萝卜用油炒着吃更有利于人们吸收胡萝卜素?请你试着用化学键的知识来揭开以上生活小技巧的面纱,一起设计实验感受一下吧。

第一步:查阅

(1)了解相似相溶原理。

(2)整理生活中的极性溶剂和非极性溶剂。

第二步:决策

(1)选择一个和溶解度相关的生活案例开展实验探究。

(2)选择必要的仪器和试剂。

我们的决策

选择的生活案例:

选择的试剂和仪器:

实施步骤:

第三步:实施(以清洗有油漆毛巾为例)

(1)准备三条沾有油漆的毛巾放入烧杯中。

(2)选择三种不同的溶剂,倒入烧杯中,浸泡一段时间后,搓洗毛巾。

(3)观察毛巾上油漆的情况,并做好实验记录。

实验序号	清洗试剂	清洗时间	实验现象
1			
2			
3			
4			
5			

实验结论:________________

第四步:反思与改进

____

____

【思考与练习】

1. 下列物质中既含有离子键,又含有非极性共价键的是(　　)。

A. Na_2O_2　　B. Na_2SO_4　　C. NaOH　　D. NH_4Cl

2. 下列含有共价键的盐是(　　)。

A. $BaCl_2$　　B. $Ca(OH)_2$　　C. NH_4Cl　　D. H_2SO_4

3. 下列过程中,共价键被破坏的是(　　)。

A. 碘晶体升华　　B. 溴蒸气被木炭吸附

C. 酒精溶于水　　D. HCl 气体溶于水

4. 离子键和共价键通常是在哪些元素原子之间形成的?请判断下列物质的电子式是否正确,并说明理由。

Na_2O: $\mathrm{Na}{:}\ddot{\underset{\cdot\cdot}{\mathrm{O}}}{:}\mathrm{Na}$　　HCl: $\mathrm{H}^+[{:}\ddot{\underset{\cdot\cdot}{\mathrm{Cl}}}{:}]^-$

5. 查阅资料,找到几组相似相溶的化合物,谈一谈你对"相似相溶"的看法。

【任务评价】

见附录1。

【思政微课堂】

元素周期表的诞生:站在巨人肩膀上的门捷列夫

1860年,第一届国际化学大会在德国卡尔斯鲁厄举行,其中一个重要议题就是如何确定和统一各种元素的原子量。会上,意大利药剂师卡尼扎罗向与会者分发了一份关于元素原子重量的决定性文件。年轻的俄国化学家门捷列夫参加了这次大会,受到了卡尼扎罗文件的启发。他花了几年工夫潜心研究和收集元素数据,并把每个元素分别写在卡片上,并在卡片上写上原子量及相关信息,从而制成了一份由63张卡片组成的元素表。元素周期表一经发表,就引起了国际化学界的广泛关注和讨论。日复一日,年复一年,门捷列夫一直在摆弄着他的“扑克牌”。有一次,他接连摆弄了三天,甚至对前来拜访的老朋友都不予理会。慢慢地,他发现了原子量在元素分类中的重要意义——元素的性质随相对原子质量的递增发生周期性变化。1869年2月17日是门捷列夫版化学元素周期表的诞生日。一个月后,俄国化学会收到了门捷列夫送来的化学元素周期表。这一发现最终被刊发在俄国化学会会刊的第一卷上。

元素周期表是门捷列夫留给世界最宝贵的遗产,也是我们永远敬仰的化学之光。在第一张元素周期表的基础上,科学家们在继续探究未知的方格,元素周期表仍在添“新丁”。

项目 1.2 电解质溶液和离子反应

项目背景

酸、碱、盐在水溶液中的反应，其本质是离子反应。离子反应在许多领域都有广泛利用。例如，生命体内的运输系统以水溶液为主，离子反应也是体现生命过程的基础。在环境检测领域，离子分析技术是一种化学分析方法，可用于检测环境中存在的各种离子。离子分析技术主要是将环境样品中的离子或化合物通过化学反应转化为离子形式，在对离子进行分离和测定后，计算出样品中污染物的浓度。在环境科学中，离子的分布和迁移对于土壤肥力、水体酸碱度等生态因子也具有重要影响。总之，离子在自然界的各个角落以及人类社会的各个方面都发挥着重要作用。

目标预览

1. 掌握电解质的定义，能判断强弱电解质并对化合物进行分类。
2. 理解离子反应发生的原理，能正确书写离子方程式。
3. 理解离子反应发生的条件，能将其应用于粗盐提纯等工业案例。

项目导学

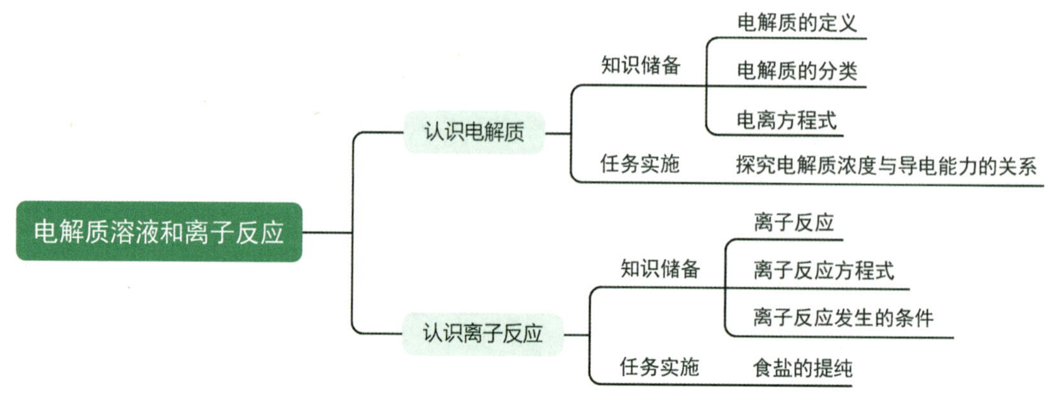

任务 1.2.1 认识电解质

【任务描述】

我们已经知道了化合物可以分为酸、碱、盐、氧化物等，并且酸和碱的酸碱性有强弱之分，那么化合物还能如何分类呢？本任务将从强电解质和弱电解质的角度对化合物进行分类；通过实验探究，能够由象及本，提高分析解决问题的能力；通过任务训练，能区分电解质与非电解质、强电解质与弱电解质。

【知识准备】

知识点1 电解质的定义

结合初中做过的物质导电性实验，我们知道 HCl 溶液、NaOH 溶液、NaCl 溶液等都能导电。不仅如此，如果将 NaCl、KNO_3、NaOH 等固体分别加热至熔化，它们也都能导电。这种在水溶液中或熔融状态下能够导电的化合物叫作**电解质**。像蔗糖、酒精等在水溶液或熔融状态下均不能导电的化合物叫作**非电解质**。

思考：【为什么用湿手直接接触电源时会触电？】

人的手上常会沾有 NaCl（汗液的成分之一），有时也会沾有其他电解质，当遇到水时，则会形成电解质溶液。电解质溶液能够导电，因此，湿手直接接触电源容易发生触电事故。

思考：【为什么 NaCl 等电解质，干燥时不导电，溶于水或熔化后却能导电？】

我们知道，电流是由带电荷的粒子按一定方向移动而形成的。因此，能导电的物质必须具有能自由移动的、带电荷的粒子。电解质的水溶液（或熔化而成的液体）能够导电，说明在这些水溶液（或液体）中，存在着能自由移动的、带电荷的粒子。例如，NaCl 固体中含有带正电荷的钠离子（Na^+）和带负电荷的氯离子（Cl^-），由于带相反电荷的离子间的相互作用，Na^+ 和 Cl^- 按一定规则紧密地排列着。这些离子不能自由移动，因而干燥的 NaCl 固体不导电。当将 NaCl 固体加入水中时，在水分子的作用下，Na^+ 和 Cl^- 脱离 NaCl 固体的表面，进入水中，形成能够自由移动的水合钠离子和水合氯离子（见图 1-8）。

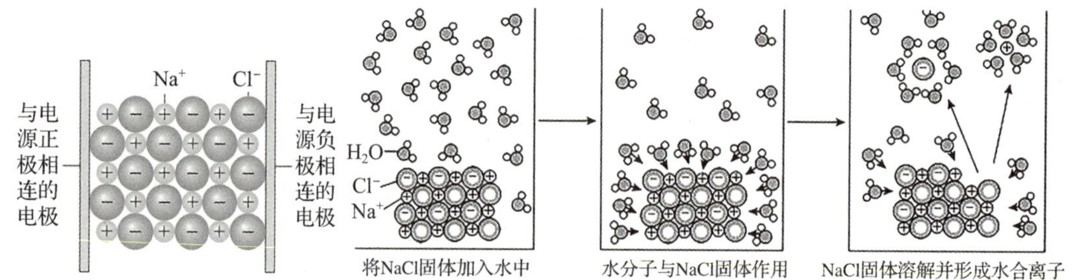

图 1-8　氯化钠在水溶液中电离

当在 NaCl 溶液中插入电极并接通电源时，带正电荷的水合钠离子向与电源负极相连的电极移动，带负电荷的水合氯离子向与电源正极相连的电极移动，因而 NaCl 溶液能够导电[见图 1-9(a)]。当 NaCl 固体受热熔化时，离子的运动随温度升高而加快，克服了离子间的相互作用，产生了能够自由移动的 Na^+ 和 Cl^-，因而 NaCl 在熔融状态时也能导电[见图 1-9(b)]。

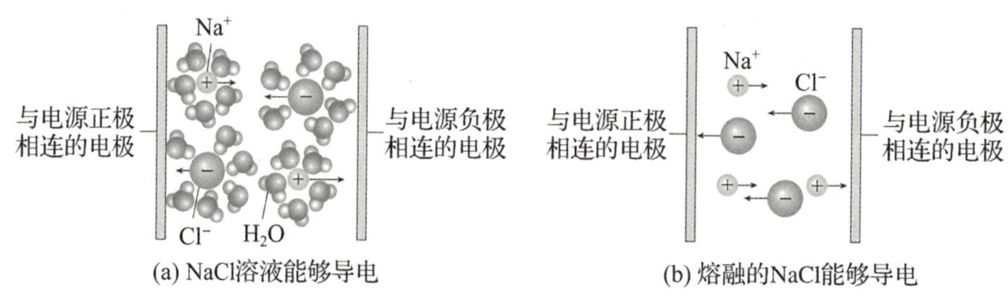

图 1-9　氯化钠在熔融状态下电离

大多数有机物，如酒精、蔗糖等都是非电解质，非电解质无法电离出离子而以分子形态存在，因而非电解质不导电。

知识点 2　电解质的分类

不同的电解质在水溶液中电离的程度是不同的。这可从它们水溶液的导电能力不同来证明。

【做一做】不同电解质溶液导电能力对比

步骤 1：取 5 个烧杯。

步骤 2：分别装入 100mL 0.1mol・L^{-1} 的下列溶液：① HCl 溶液；② NaOH 溶液；③ CH_3COOH 溶液；④ NaCl 溶液；⑤ $NH_3 \cdot H_2O$ 溶液。

步骤 3：连接电极和灯泡，接通电源(见图 1-10)。

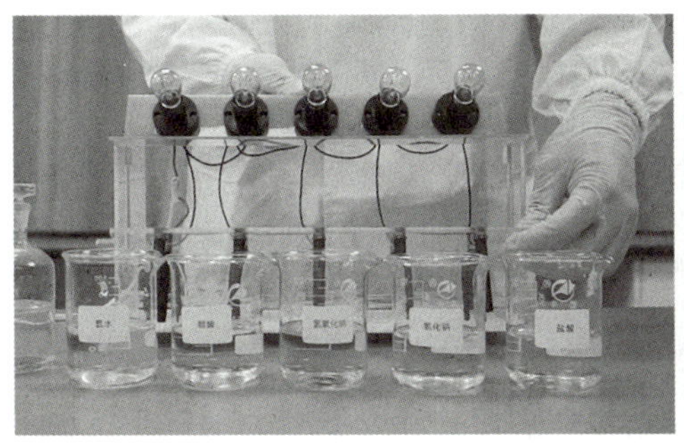

图 1-10　不同电解质导电能力对比

步骤 4：观察各灯泡的明亮程度并记录现象。

实验结果显示，连接在 CH_3COOH、$NH_3 \cdot H_2O$ 溶液中的灯泡比其他 3 个灯泡暗。可见，体积和浓度相同而种类不同的酸、碱和盐的水溶液在相同条件下的导电能力是不同的。电解质溶液导电能力强弱不同的原因在于不同的电解质在水中的电离程度不同。根据电解质在溶液中电离能力的大小，可将电解质分为强电解质和弱电解质。

实验视频 1-1：
电解质的导电能力

强电解质是指在水溶液或熔融状态下能完全电离出离子的化合物，包括强酸、强碱和绝大多数盐。

弱电解质是指在水溶液或熔融状态下部分电离出离子的化合物，包括弱酸、弱碱、水和少部分盐。

知识点 3　电离方程式

电解质溶于水或受热熔化时，形成自由移动的离子的过程叫作**电离**。电解质的电离可以用电离方程式表示。

电离方程式书写步骤：

(1)写——在等号左边写出化学式，右边写出阳离子、阴离子符号；

(2)配——阴、阳离子前面配上系数，阴、阳离子所带电荷总数相等；

(3)检——检验等号两边是否“守恒”(质量、电荷)。

例如，$NaCl = Na^+ + Cl^-$；$H_2SO_4 = 2H^+ + SO_4^{2-}$。

弱电解质溶解于水时，虽同样受到水分子的作用，却只有一部分分子电离成离子。由于溶液中的阴、阳离子在相互碰撞时又相互吸引，而重新结合成分子，因此弱电解质的电离是一个可逆过程。例如，乙酸在水溶液中：

$$CH_3COOH \rightleftharpoons CH_3COO^- + H^+$$

在一定条件下，当电解质分子电离成离子的速率等于离子结合成分子的速率时，未电离的分子和离子间建立起动态平衡，这种动态平衡称为**电离平衡**。强电解质和弱电解质的比较见表 1-2。

表 1-2　强电解质和弱电解质比较

对比项目	强电解质	弱电解质
定义	溶于水后完全电离的电解质	溶于水后部分电离的电解质
电离过程	不可逆，无电离平衡	可逆，有电离平衡
溶液中的微粒	阴离子和阳离子，无电解质的分子	同时存在阴离子、阳离子和电解质分子
化合物类型	强酸、强碱和绝大多数盐	弱酸、弱碱、水和少部分盐

【任务实施】

探究电解质浓度与导电能力的关系

基于对电解质和非电解质的认识，可以通过设计电解质相关实验，探究电解质强弱以及电解质浓度大小对导电能力的影响。请你尝试设计实验方案进行探究。

第一步：查阅

（1）了解电解质、非电解质的特性及其导电能力。

（2）了解测定物质导电性的方法。

第二步：决策

我们的决策

选择的电解质：

选择的试剂和仪器：

实施步骤：

第三步:实施(以 $Ba(OH)_2$ 和稀 H_2SO_4 反应过程中溶液导电能力探究)

1. 操作步骤

(1)将 30mL 0.1mol·L^{-1} $Ba(OH)_2$ 溶液倒入小烧杯中。

(2)连接电极和灯泡,接通电源。

(3)逐滴加入 0.1mol·L^{-1}稀 H_2SO_4 溶液于小烧杯中。

(4)观察灯泡的明亮程度,并绘制滴加的稀 H_2SO_4 体积与灯泡亮度的关系图。

2. 绘图

请画出所滴加稀 H_2SO_4 体积与灯泡亮度的关系图。

3. 结果与讨论

实验结论:______________________________

____

第四步:反思与改进

____

____

【思考与练习】

1. 下列物质中,属于弱电解质的是(　　)。

A. H_2SO_4　　B. KCl　　C. NaOH　　D. CH_3COOH

2. 下列物质中,属于非电解质的是(　　)。

A. HF　　B. CH_4　　C. HCl　　D. H_2CO_3

3. 目前市场上有一种专门为婴幼儿设计的电解质饮料,适合在婴幼儿感冒、发烧时快速补充体内流失的电解质成分。下列物质可用作该饮料中的电解质的是(　　)。

A. Fe　　B. 葡萄糖　　C. $MgSO_4$　　D. CO_2

4. 在课本知识点 2 的【做一做】实验中,0.1mol·L^{-1}的醋酸和氨水溶液形成的电路中,灯泡亮度都较暗,如果我们将二者混合,亮度较原来会发生什么变化?为什么?

5. 查阅资料，简述电解质对人体的影响。

【任务评价】

见附录 1。

任务 2.2.2　认识离子反应

【任务描述】

我们已经知道什么是电解质，酸、碱、盐在水溶液中反应的本质是离子反应。在实验室或工业生产中，人们常利用酸、碱、盐的离子反应来进行物质的分离、提纯以及制备新的化合物。在治理水体污染时，可利用离子反应来处理水中存在的某些微量重金属元素等。本任务将以离子反应为理论基础，讨论离子方程的本质和应用。

【知识准备】

知识点 1　离子反应

有离子参加或有离子生成的反应，统称为**离子反应**。

离子反应的**本质**是溶液中某些离子的物质的量（数量）的减少。

【做一做】探究离子反应的本质

实验	现象
实验 A：向盛有 5mL $CuSO_4$ 溶液的试管里加入 5mL 稀 NaCl 溶液，见图 1-11(a)	
实验 B：向盛有 5mL $CuSO_4$ 溶液的试管里加入 5mL 稀 $BaCl_2$ 溶液，见图 1-11(b)	

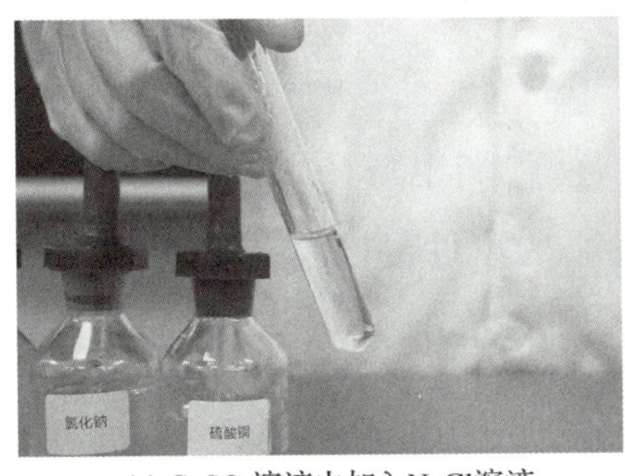

(a) $CuSO_4$溶液中加入NaCl溶液

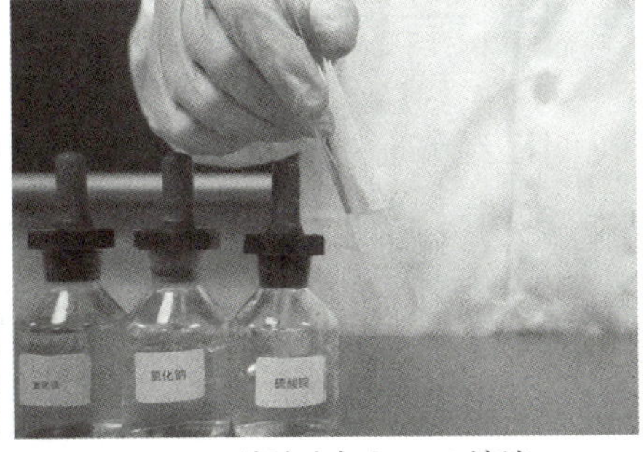

(b) $CuSO_4$溶液中加入$BaCl_2$溶液

图 1-11 探究离子反应

讨论：(1)$BaCl_2$ 溶液能与 $CuSO_4$ 溶液反应而 NaCl 溶液却不能，试分析原因。

(2)$BaCl_2$ 溶液与 $CuSO_4$ 溶液反应的实质是什么？

(3)在实验 B 的滤液中存在大量的 Cl^-，能否用实验证明？请简单设计。

实验视频 1-2：探究离子反应的本质（$CuSO_4$、NaCl、$BaCl_2$）

知识点 2 离子反应方程式

用实际参加反应的离子符号来表示反应的式子叫作**离子方程式**。离子方程式的书写一般按以下步骤进行(以 $CuSO_4$ 溶液与 $BaCl_2$ 溶液的反应为例)。

(1)写——写出反应的化学方程式：

$$CuSO_4 + BaCl_2 = CuCl_2 + BaSO_4 \downarrow$$

(2)拆——把易溶于水且易电离的物质(如强酸、强碱和大部分可溶性盐)写成离子形式，难溶的物质、难电离的物质(如水)以及气体等仍用化学式表示。上述化学方程式可改写成：

$$Cu^{2+} + SO_4^{2-} + Ba^{2+} + 2Cl^- = Cu^{2+} + 2Cl^- + BaSO_4 \downarrow$$

(3)删——删去方程式两边不参加反应的离子，得离子方程式为：

$$Ba^{2+} + SO_4^{2-} = BaSO_4 \downarrow$$

(4)查——检查离子方程式两边各元素的原子个数和电荷总数是否相等。

离子方程式中能拆分的物质主要有强酸、强碱、大多数可溶性盐；不能拆分的物质主要有难溶的物质、难电离的物质、气体、单质、氧化物等。

知识点 3 离子反应发生的条件

现在我们已经知道电解质有强弱之分，从强弱电解质的电离角度重新认识离子反应，理解离子反应的本质。离子反应发生的条件可以总结如下。

溶液中离子间的反应是有条件的，例如 NaCl 溶液和 KNO_3 溶液相混：

$$NaCl + KNO_3 = NaNO_3 + KCl$$

$$Na^+ + Cl^- + K^+ + NO_3^- = Na^+ + NO_3^- + K^+ + Cl^-$$

实际上，Na^+、Cl^-、K^+、NO_3^- 四种离子都没有参加反应。可见如果反应物和生成物都是易溶的强电解质，在溶液中均以离子形式存在，它们之间不可能生成新物质，故没有发生离子反应。

溶液中发生离子反应的条件如下。

(1)生成难溶物质。例如，NaCl 溶液与 $AgNO_3$ 溶液反应有难溶的 AgCl 沉淀生成：

$$NaCl + AgNO_3 = AgCl\downarrow + NaNO_3$$

离子方程式为：

$$Cl^- + Ag^+ = AgCl\downarrow$$

溶液中的 Ag^+ 和 Cl^- 结合生成了 AgCl 沉淀，所以反应能够进行。

(2)生成易挥发物质。例如，碳酸钙固体与盐酸反应，生成 CO_2 气体：

$$CaCO_3 + 2HCl = CaCl_2 + CO_2\uparrow + H_2O$$

离子方程式为：

$$CaCO_3 + 2H^+ = Ca^{2+} + CO_2\uparrow + H_2O$$

由于反应中生成的 CO_2 气体不断从溶液中逸出，使反应能够进行。

(3)生成水或其他弱电解质。例如，盐酸和氢氧化钠溶液反应，生成难电离的物质水：

$$HCl + NaOH = NaCl + H_2O$$

离子方程式为：

$$H^+ + OH^- = H_2O$$

这个离子方程式说明酸和碱起中和反应的实质是 H^+ 和 OH^- 结合生成水。

又如，CH_3COONa 和盐酸的反应：

$$CH_3COONa + HCl = CH_3COOH + NaCl$$

离子方程式为：

$$CH_3COO^- + H^+ = CH_3COOH$$

反应生成了弱电解质 CH_3COOH，使反应能够进行。

再如，NaOH 溶液和 NH_4Cl 溶液的反应：

$$NaOH + NH_4Cl = NaCl + NH_3 \cdot H_2O$$

离子方程式为：

$$OH^- + NH_4^- = NH_3 \cdot H_2O$$

反应生成了弱电解质 $NH_3 \cdot H_2O$，使反应能够进行。

总之，只需具备上述三个条件之一，离子反应就能进行。

离子反应除了上述的离子互换形式进行的复分解反应外，还有其他类型的反应。例如，有离子参加的置换反应等。如：

$$Zn + 2HCl = ZnCl_2 + H_2 \uparrow$$

离子方程式为：

$$Zn + 2H^+ = Zn^{2+} + H_2 \uparrow$$

$$Cl_2 + 2KI = KCl + I_2 \downarrow$$

离子方程式为：

$$Cl_2 + 2I^- = 2Cl^- + I_2 \downarrow$$

【任务实施】

食盐的提纯

食盐是我们不可或缺的一种调味品，除了调味之外，食盐还被广泛应用于氯碱工业。氯碱工业中的粗盐除了含有难溶性杂质外，还含有钙盐、镁盐等可溶性杂质。这些可溶性杂质增加了生产能耗，降低了产品质量。因此，氯碱工业中的一道重要工序就是除去粗盐中的杂质。请结合化学知识探究粗盐精制过程。

第一步：查阅

(1)了解粗盐制取方法。

(2)了解可能存在的杂质及除杂方法。

第二步：决策

(1)确定需要去除的杂质，并确定去除方法。

(2)选择必要的仪器和试剂。

我们的决策

确定食盐中存在的杂质：

选择的试剂和仪器：

实施步骤：

第三步：实施（以去除粗盐中存在的 Mg^{2+}、Ca^{2+} 为例）

1. 过滤和蒸发（见图 1-12）

(1)称量：称取约 4g 粗盐于烧杯中。

(2)溶解：边加水边用玻璃棒搅拌，直至粗盐不再溶解为止。

(3)过滤：将烧杯中的液体沿玻璃棒倒入过滤器中，过滤器中的液面不能超过滤纸的边缘。若滤液浑浊，再过滤一次。

(4)蒸发：将滤液倒入蒸发皿中，然后用酒精灯加热，同时用玻璃棒不断搅拌溶液，待出现较多固体时停止加热。

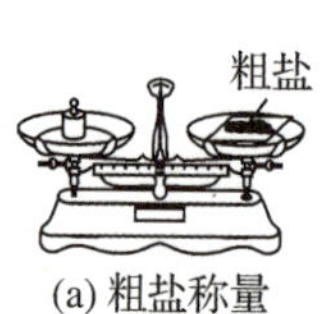

(a) 粗盐称量

(b) 粗盐溶解

(c) 浊液过滤

(d) 蒸发结晶

图 1-12　粗盐的提纯

2. 除去可溶性杂质(见图 1-13)

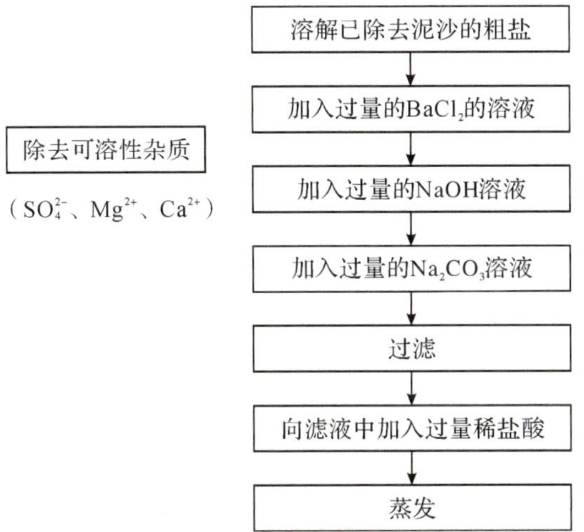

图 1-13 除去可溶性杂质流程

3. 实验记录

(1)去除 SO_4^{2-}:____;

离子方程式:____。

(2)去除 Mg^{2+}:____;

离子方程式:____。

(3)去除 Ca^{2+}:____;

离子方程式:____。

(4)去除 OH^-、CO_3^{2-}:____;

离子方程式:____。

第四步:反思与改进

____

____

【思考与练习】

1. 在酸性的无色透明溶液中,下列能大量共存的离子是(　　)。

A. Na^+、HCO_3^-、K^+、NO_3^-　　B. NH_4^+、NO_3^-、Al^{3+}、Cl^-

C. MnO_4^-、K^+、SO_4^{2-}、Na^+　　D. Fe^{2+}、Mg^{2+}、Cl^-、SO_4^{2-}

2. 下列离子方程式书写正确的是(　　)。

A. 铁与稀盐酸反应:$2Fe+6H^+ \longrightarrow 2Fe^{3+}+3H_2\uparrow$

B. 硝酸银溶液中加入铁粉：$Ag^{+} + Fe = Fe^{2+} + Ag$

C. 氧化铜与盐酸反应：$O^{2-} + 2H^{+} = H_2O$

D. 碳酸镁与稀硫酸反应：$MgCO_3 + 2H^{+} = Mg^{2+} + H_2O + CO_2\uparrow$

3. 下列物质混合后，不会发生离子反应的是（　　）。

A. NaOH 溶液和 $FeCl_3$ 溶液

B. Na_2CO_3 溶液和稀 H_2SO_4 溶液

C. Na_2SO_4 溶液和 $MgCl_2$ 溶液

D. 澄清的 $Ca(OH)_2$ 溶液和稀 HCl 溶液

4. 人体胃液中的胃酸（0.2%～0.4%的盐酸）起杀菌、帮助消化等作用，但胃酸不能过多或过少，它必须控制在一定范围内，当胃酸过多时，医生通常用“小苏打片”（$NaHCO_3$）或“胃舒平”[$Al(OH)_3$]给病人治疗。试写出用小苏打片治疗胃酸过多的离子方程式。如果病人同时患有胃溃疡，此时最好服用胃舒平，请写出相应的离子方程式。

5. 请你查阅资料，谈一谈家用净水装置的工作原理。

【任务评价】

见附录 1。

【思政微课堂】

离子反应与绿色革命

你可曾想过,微观世界中离子的相遇与分离,正悄然塑造着我们宏大的环保事业与能源图景?其守护绿水青山、驱动绿色发展的应用价值日益凸显。

在环境保护的战场,离子反应是忠诚的卫士。

涤净生命之源:当工业废水中的重金属离子(如铅、镉)流经特制离子交换树脂时,无害离子将其置换截留,清水得以重生。明矾溶于水后,铝离子水解形成强大吸附网,将浑浊杂质"一网打尽"。这不仅是化学反应,更是对"人民至上、生命至上"理念的科技践行——保障每一滴水的安全,就是守护亿万人民的健康福祉。

抵御天空之殇:酸雨中游离的氢离子侵蚀大地。投入熟石灰,钙离子便与酸根结合沉淀,酸性得以中和。这离子间的"化干戈为玉帛",生动诠释了"绿水青山就是金山银山"——以科技之力修复生态伤痕,方能筑牢永续发展的根基。

在能源革命的浪潮中,离子反应是澎湃的引擎:

驱动绿色出行:锂离子电池充放电时,锂离子在正负极间穿梭,实现能量的高效存储与释放。每一辆飞驰的新能源汽车背后,都是离子有序迁移奏响的清洁能源乐章。这揭示了科技创新的核心价值——将基础研究转化为"国之重器",服务国家"双碳"战略,方能在全球绿色竞争中赢得主动权。

循环永续之道:利用电解法回收电子废弃物中的贵金属(如金、铜),本质是目标金属离子在阴极获得电子后被还原为单质。离子反应在此成为资源循环的魔术师,将"废物"点化为"宝藏",深刻践行着"取之有度,用之有节"的生态智慧——循环经济是实现高质量发展的必然选择。

让我们从离子的律动中汲取智慧,以科技之光点亮生态文明与能源自主之路,在实现民族复兴的征程上书写属于青年一代的化学篇章!

项目 1.3　化学基本量及其计算

项目背景

“布手知尺”“掬手为升”，计量在我国古代又称为度量衡。根据《史书》记载，商代的象牙齿、春秋时期的黄钟律管、三国时期的记里鼓车等都见证了智慧的中国人民对计量的探索。

每年的 5 月 20 日是世界计量日，计量的标准化对生产、人民生活、贸易等方面产生了深远的影响。1971 年，第 14 届国际计量大会通过决议，决定采用长度、质量、时间、电流、热力学温度、物质的量和发光强度这七个量作为基本物理量，其他物理量则按其定义由基本物理量导出。这七个基本物理量的单位分别为米(m)、千克(kg)、秒(s)、安培(A)、开尔文(K)、摩尔(mol)和坎德拉(cd)，它们被规定为国际单位制(简称 SI 制)的基本单位。

目标预览

1. 掌握物质的量、摩尔质量、气体摩尔体积的基本概念，能进行相关计算。
2. 理解溶液浓度的表示方法，能进行溶液的配制。
3. 掌握物质的量在方程式计算中的应用，能根据化学方程式进行计算。

项目导学

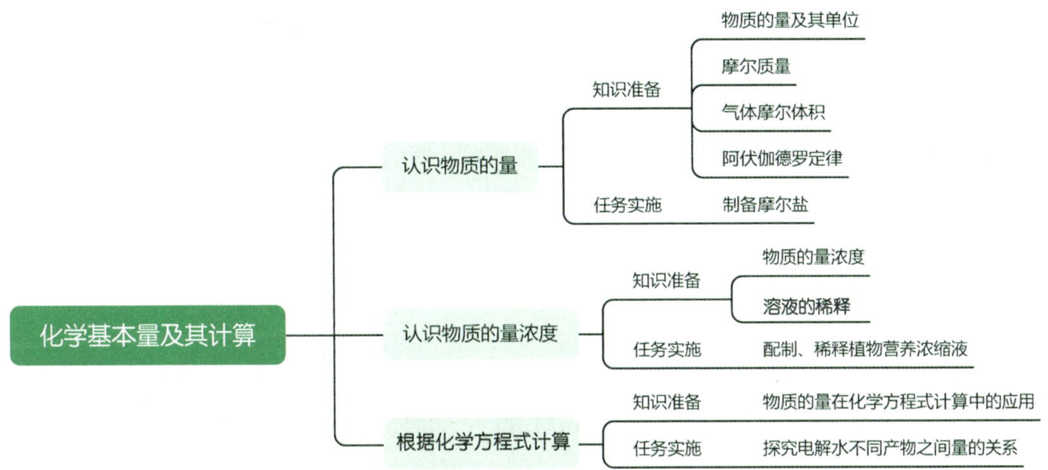

任务 1.3.1 认识物质的量

【任务描述】

初中化学中我们通常用质量、体积等物理量分别来计量物质的多少和大小。然而，物质是由大量用肉眼无法分辨的分子、原子或离子等微观粒子构成的，那么一定质量的水中到底含有多少个水分子？一定体积的氧气有多少个氧气分子呢？本任务我们将通过宏观世界和微观世界的桥梁——物质的量，探究微粒数目、质量、体积之间的关系。

【知识准备】

知识点 1 物质的量及其单位

为了将肉眼看不见的微观粒子和可称量的宏观物质之间建立联系，我们引入一个新的物理量——**物质的量**。它表示物质基本单元数目的多少，用符号 n 表示，单位名称是摩尔，符号为 mol。其中基本单元可以是原子、分子、离子、电子及其他微粒或者是这些微粒的特定组合体。在使用时，需要指明基本单元的名称。

那么1mol物质中到底含有多少基本单元？国际单位制中规定，1mol某种微粒集合体中所含的微粒数与0.012kg ^{12}C 中所含的原子数相同。实验测得，0.012kg ^{12}C 中所含的原子数约为 6.02×10^{23}，这个数值称为**阿伏伽德罗常数**，用 N_A 表示，即 $N_A\approx6.02\times10^{23}mol^{-1}$。

物质的量(n)、阿伏伽德罗常数(N_A)和微粒数(N)之间存在如下关系：

$$N=n\cdot N_A$$

知识点2 摩尔质量

我们将单位物质的量的物质所含有的质量称为**摩尔质量**，用字母 M 表示，单位为 $g\cdot mol^{-1}$ 或 $kg\cdot mol^{-1}$。比如1mol的 ^{12}C 的质量为12g，我们也可以说 ^{12}C 的摩尔质量为 $12g\cdot mol^{-1}$。

1mol任何物质的质量，以克为单位时，在数值上都等于它的相对原子质量或相对分子质量。同时，物质的质量(m)、物质的量(n)和摩尔质量(M)之间存在如下关系：

$$m=n\cdot M$$

知识点3 气体摩尔体积

气体的体积受温度、压强等因素的影响，我们将一定的温度和压强下，单位物质的量的气体所含有的体积称为**气体摩尔体积**，用字母 V_m 表示，单位为 $L\cdot mol^{-1}$。比如在0℃、101.325kPa时，1mol H_2 的体积约为22.4L，我们也可以说该状况下 H_2 的气体摩尔体积为 $22.4L\cdot mol^{-1}$。为了便于研究，人们规定温度为273.15K(0℃)、压强为 1.01325×10^5Pa(1atm)时的状况叫作标准状况。

物质的量(n)、气体体积(V)和气体摩尔体积(V_m)之间存在如下关系：

$$V=n\cdot V_m$$

知识点4 阿伏伽德罗定律

气体的体积主要取决于分子间的距离，而不像固体或液体，体积取决于微粒的大小。由于在同温、同压下，不同气体分子间的平均距离几乎是相等的，故体积也相等。

在相同的温度和压强下，相同体积的任何气体都含有相同数目的分子，这就是**阿伏伽德罗定律**。

【任务实施】

制备摩尔盐

我们已经学习了质量与物质的量之间的关系，那么1mol的物质质量到底有多少呢？在本任务中，我们将通过计算，并称取1mol常见物质的质量，直观感受1mol物质的质量。

第一步：查阅

(1)了解1mol物质配制的流程。

(2)了解托盘天平的使用方法。

第二步：决策

我们的决策

选择的鉴别方法：

需要的实验仪器和试剂：

实施步骤：

第三步：实施(以制备盐为例)

硫酸亚铁铵，化学式为$(NH_4)_2SO_4 \cdot FeSO_4 \cdot 6H_2O$，它是由两种等摩尔的盐(硫酸亚铁和硫酸铵)通过结晶得到的一种复盐，因此又称为摩尔盐。这个名称来源于德国化学家莫尔(Karl Friedrich Mohr)，他首次制得了这种盐，并在分析化学领域中对其进行了研究。

(1)算一算：1mol硫酸亚铁质量为__________；1mol硫酸铵质量为__________。

(2)称一称：请用托盘天平称取1mol以上固体。

(3)制一制：将以上称量好的两种物质溶解在烧杯中，水浴蒸发、浓缩至表面出现结晶薄膜为止。放置冷却，得到盐晶体。

第四步:反思与改进

【思考与练习】

1. 联系微观世界和宏观世界的物理量是(　　)。

A. 物质的质量　　B. 摩尔质量

B. 物质的量　　D. 阿伏伽德罗常数

2. 相同状况下,32g 氧气和 48g 臭氧含有相同的(　　)。

A. 分子数　　B. 原子数

C. 质子数　　D. 质量数

3. 经过计算,某污水处理厂的好氧池中需要通入氧气 4.48L(标准状况),折合氧气的质量为(　　)。

A. 3.2g　　B. 6.4g　　C. 32g　　D. 64g

4. 据统计,正常情况下一个人每天呼吸大约要消耗 0.75kg 氧气,其中含有多少个氧气分子? 折合成标准状况下体积为多少升?

5. 请你查阅资料,谈一谈摩尔盐的用途。

【任务评价】

见附录 1。

任务 1.3.2 认识物质的量浓度

【任务描述】

在初中阶段，我们已经学习溶质的质量分数，比如常用的生理盐水中氯化钠的含量为 0.9%。通过质量分数，可以计算一定质量溶液中所含溶质的质量。但是，在实际工作中取用溶液时，一般不称量溶液的质量，而是借助量筒、移液管等，量取溶液的体积。在本任务中，我们需要理解物质的量浓度与物质的量、溶液体积之间的关系，学会准确配制一定浓度的溶液。

【知识准备】

知识点 1 物质的量浓度

溶液的组成，除了可用溶质的质量分数表示外，还可用单位体积溶液所含溶质的物质的量来表示。比如在 1L 氯化钠溶液中，含有氯化钠溶质 0.2mol，溶液的组成可以表示为 $0.2\text{mol}\cdot\text{L}^{-1}$。像这样，单位体积溶液中所含溶质的物质的量叫作溶质的**物质的量浓度**，简称**浓度**，用符号 c 表示，单位为 $\text{mol}\cdot\text{L}^{-1}$。公式为：

$$c=\frac{n}{V}$$

根据公式，已知溶液中溶质的物质的量浓度，我们就可以知道一定体积溶液所含溶质的物质的量，这对于生产实践具有重要意义。

知识点 2 溶液的稀释

在溶液中加入溶剂后，将导致溶液的体积增大，而浓度减小，这个过程叫作溶液的稀释。在溶液稀释过程中，溶液的质量、体积和浓度都发生了变化，但溶质的质量、物质的量保持不变，即 $c_1V_1=c_2V_2$，其中 c_1、c_2 分别表示稀释前、稀释后的溶液浓度，V_1、V_2 表示相应的体积。

【任务实施】

配制、稀释植物营养浓缩液

植物营养液对花卉的正常生长发育有着重要的作用。配制营养液时，应根据所栽培花卉的品种及不同生长期、不同地区来确定其配方及用量，力求做到营养全面均衡。在本任务中，我们将配制一种常见的家用植物营养液，并根据植物的生长需求进行个性化的稀释。

第一步：查阅

(1)了解常见的植物营养液配方。

(2)了解植物营养液选择的原则。

第二步：决策

我们的决策

选择的营养液配方：

需要的实验仪器和试剂：

实施步骤：

第三步：实施(配制植物营养液并稀释)

已知某市售营养液含有硫酸铵、硫酸镁、硫酸钾、氯化钾等物质，其中氯化钾浓度为 $0.0125\text{mol}\cdot\text{L}^{-1}$，现在配制 500mL 营养浓缩液。经过计算，需要称取氯化钾的质量为 0.47g。

该营养液的配制方法如下：在托盘天平上称取 0.47g 氯化钾固体，置于烧杯中。同样，称取相应的硫酸镁、硫酸钾等物质于烧杯中，用适量蒸馏水使它们完全溶解，将制得的溶液小心地转移到 500mL 容量瓶中。

用少量蒸馏水洗涤烧杯内壁 2～3 次，每次的洗液都要注入容量瓶中，然后用蒸馏水定容至刻度线，塞紧瓶塞，反复摇匀。这样我们就得到了需要的植物营养浓缩液。

从上述浓缩液中移取10mL，用蒸馏水定容至500mL刻度线，我们就得到了稀释50倍的营养液，可以直接喷洒到植物上。

技能链接——容量瓶的使用(见图1-14)

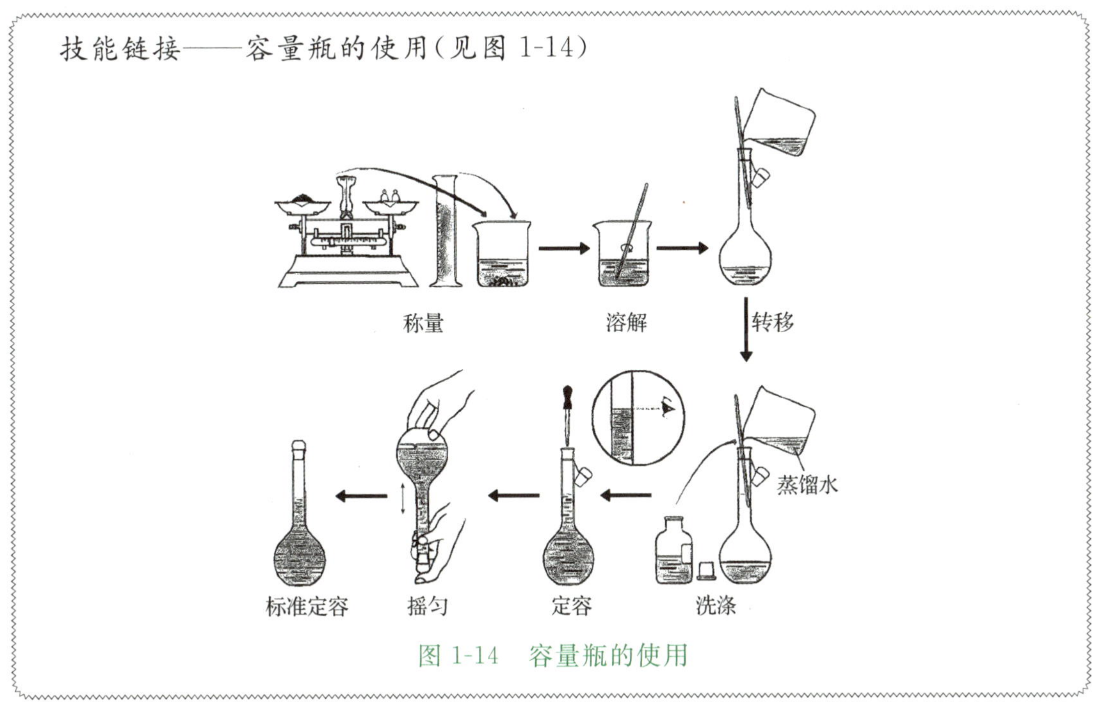

图1-14 容量瓶的使用

第四步：反思与改进

____

____

【思考与练习】

1. 在某同学配制氯化钠溶液的过程中，下列操作会对溶液浓度产生影响的是(　　)。

A. 容量瓶未干燥　　B. 定容时平视刻度线

C. 引流时溶液外溅　　D. 用于称量的烧杯未干燥

2. 下列各溶液中，Na^+浓度最大的是(　　)。

A. 0.8L 0.4mol·L^{-1}的NaOH溶液

B. 0.2L 0.15mol·L^{-1}的Na_3PO_4溶液

C. 1L 0.3mol·L^{-1}的NaCl溶液

D. 4L 0.5mol·L^{-1}的NaCl溶液

3. 电解质饮料具有补充水分、调节体内酸碱平衡的作用。某电解质饮料500mL，从中倒出50mL，则其与原饮料一致的是(　　)。

A. 溶质的质量　　B. 物质的量

C. Ca^{2+}的物质的量浓度　　D. 溶液体积

4. 实验室为确定一瓶稀盐酸的浓度，用 $0.100mol \cdot L^{-1}$ NaOH 溶液中和 25.00mL 该盐酸，当酸与碱恰好完全反应时，消耗 NaOH 溶液 24.50mL。试求该盐酸的物质的量浓度。

5. 泡泡机承载了我们美好的童年回忆，我们可通过稀释泡泡浓缩液的方式来获得泡泡水，假设现在我们需要稀释 8 倍，应该如何进行科学的制备？

【任务评价】

见附录 1。

任务 1.3.3　根据化学方程式计算

【任务描述】

在学习物质的量之前，我们通常用物质的质量代入化学方程式进行计算，比如理论上 4g 氢气能与 32g 氧气恰好完全反应。然而，前几个任务中我们发现物质的量作为中间桥梁，通过公式能实现物质的量与质量、体积、物质的量浓度、微粒数目等物理量之间的相互转化，因此本任务我们将物质的量与化学反应方程式中的计量数建立联系，并进行相应的计算。

【知识准备】

知识点 1　物质的量在化学方程式计算中的应用

化学方程式既表达化学反应中各物质之间质和量的变化，又体现这些物质间量的关系。根据这种定量关系，可以进行一系列化学计算。在初中阶段，我们学过用质量来进行计算，本任务中我们将运用物质的量进行相关计算。

$$\begin{array}{lccccc} & NaOH & + & HCl = NaCl & + & H_2O \\ \text{化学计量数之比} & 1 & & 1 & & \\ \text{质量之比} & 40g & & 36.5g & & \\ \text{物质的量之比} & \frac{40g}{40g \cdot mol^{-1}} & & \frac{36.5g}{36.5g \cdot mol^{-1}} & & \end{array}$$

经过计算,发现化学计量数之比等于物质的量之比,因此我们结合物质的量的相关公式,进行系列计算。

【例题】 在实验室中,加热分解24.5g氯酸钾,理论上能产生氯化钾多少克?在标准状况下,制得氧气多少升?

解 设产生氯化钾为 x mol,氧气为 y mol,则

$$n(KClO_3)=\frac{m}{M}=\frac{24.5g}{122.5g \cdot mol^{-1}}=0.2mol$$

$$\begin{array}{ccc} 2KClO_3 \xlongequal{\triangle} & 2KCl+ & 3O_2\uparrow \\ 2 & 2 & 3 \\ 0.2mol & x & y \end{array}$$

经过计算,$x=0.2mol$,$y=0.3mol$;

$V(O_2)=nV_m=0.3mol\times22.4L \cdot mol^{-1}=6.72L$;

$m(KCl)=nM=0.2mol\times74.5g \cdot mol^{-1}=14.9g$。

答:理论上能产生氯化钾14.9g,标准状况下制得氧气6.72L。

计算步骤可归纳为:

(1)根据题意正确写出化学方程式;

(2)找出相关物质的化学计量数之比;

(3)对应计量系数,找出相关物质的物质的量;

(4)根据计量关系进行计算。

【任务实施】

探究电解水不同产物之间量的关系

通过初中阶段的学习,我们知道电解水可以产生氢气和氧气,$2H_2O \xlongequal{\text{通电}} 2H_2\uparrow + O_2\uparrow$,根据本任务的学习,我们知道产生的氢气和氧气在相同的状态下体积之比为2∶1。

在本任务中,我们将收集电解水产生的气体体积,进行定量测定,并对“化学反应过程中各物质的物质的量之比等于化学计量数之比”进行验证。

第一步：查阅

(1)了解定量测定气体体积的方法。

(2)了解电解水实验的不同装置。

第二步：决策

我们的决策

选择的测定方法：

需要的实验仪器和试剂：

实施步骤：

第三步：实施（探究电解水不同产物之间量的关系）

装置如图 1-15 所示，我们可以通过排水法在阳极收集氧气、阴极收集氢气。

(1)实验材料：电解水器、蒸馏水等。

(2)实验步骤：如图 1-15 连接好装置，接通电源，在电解水器的阳、阴极分别收集氧气和氢气。观察实验现象，并记录气体的体积。

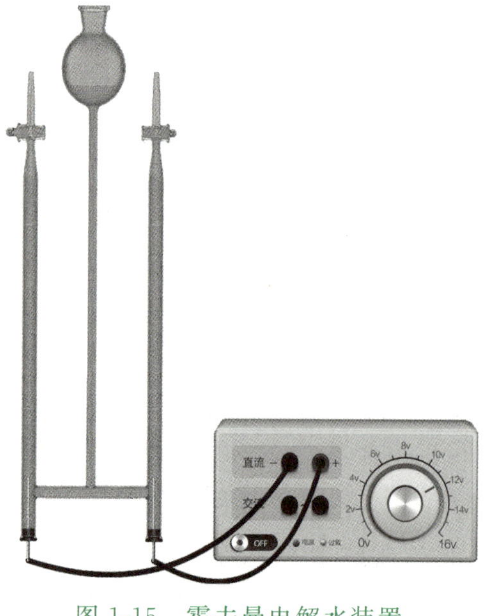

图 1-15　霍夫曼电解水装置

通过实验，发现氧气和氢气的体积比约为 1∶2。根据阿伏伽德罗定律的推论，我们可以知道两者物质的量之比也为 1∶2，恰好等于化学计量数之比。

第四步：反思与改进

____

____

【思考与练习】

1. 在化学方程式中，下列物理量一定与化学计量数成比例的是（　　）。

A. 质量　　B. 摩尔质量　　C. 物质的量浓度　　D. 物质的量

2. 在锌与盐酸反应的实验中，下列说法正确的是（　　）。

A. 锌与盐酸溶质的物质的量之比为 1∶2

B. 锌与氢气的质量之比为 1∶1

C. 盐酸溶液体积与氢气体积之比为 2∶1

D. 锌与氢气的摩尔质量之比为 1∶1

3. 植物在光合作用中，将二氧化碳和水合成葡萄糖，化学方程式为：$6CO_2+12H_2O \longrightarrow C_6H_{12}O_6+6H_2O+6O_2$。已知某植物在该过程中放出了 2.24L O_2（标准状况下），则合成的葡萄糖质量为（　　）。

A. 3g　　B. 6g　　C. 12g　　D. 18g

4. 第 19 届杭州亚运会采用了零碳甲醇（CH_3OH）作为亚运会火炬燃料，其中甲醇是利用焦炉气中的氢气和工业尾气中的二氧化碳反应得到的，废碳再生，助力碳中和，化学方程式为：$CO_2+3H_2 \xrightarrow[\text{高温}]{\text{催化剂}} CH_3OH+H_2O$。现需要 CH_3OH 32kg，则能消耗二氧化碳多少 L（标准状况下）？

5. 我们已经知道在化学方程式中，物质的量之比等于化学计量数之比，那么参与反应的微粒数目以及体积（对于有气体参与的反应）之比，是否也等于化学计量数之比？请简述原因。

【任务评价】

见附录 1。

【思政微课堂】

淡泊名誉，埋头研究的科学泰斗——阿伏伽德罗

阿伏伽德罗(A. Avogadro，1776—1856 年)，意大利化学家，他一生从不追求名誉地位，只是默默地埋头于科学研究工作中，并从中获得了极大的乐趣。

他早年学习法律，又做过地方官吏，后来受兴趣指引，开始学习数学和物理，并致力于原子论的研究，他提出的分子假说，促使道尔顿原子论发展成为原子-分子学说，使人们对物质结构的认识推进了一大步。但遗憾的是，阿伏伽德罗的卓越见解长期得不到化学界的承认，反而遭到了不少科学家的反对，被冷落了将近半个世纪。一直到了近 50 年之后，德国青年化学家迈尔(J. L. Meyer)认真研究了阿伏伽德罗的理论，于 1864 年出版了《近代化学理论》一书。许多科学家从这本书里，懂得并接受了阿伏伽德罗的理论，才结束了这种混乱状况。

阿伏伽德罗常数，只是科学发展历程中的一个缩影。人类创造历史，人类创造科学。科学因为被创造而神奇，人类因为创造科学而伟大！为了纪念阿伏伽德罗，人们把 1 摩尔任何物质中含有的微粒数，称为阿伏伽德罗常数。

模块小结

一、物质结构

(一)认识原子结构

1. 原子结构

原子由原子核和核外电子构成。

2. 同位素

具有相同质子数和不同中子数的同一元素的原子互为同位素。

3. 核外电子的排布

在多电子原子中,核外电子是分层排布的。各电子层容纳一定数目的电子数。

(二)认识元素周期律

1. 元素周期表

把元素按原子序数递增的顺序进行一定规律的排列,形成元素周期表。在周期表中,具有相同电子层数,并按照原子序数递增的顺序排列的一系列元素,称为一个周期。周期表中每个纵行叫作一个族(第Ⅷ族包括三个纵行)。在整个周期表里,共分 7 个周期、16 个族。

2. 元素周期律

元素的性质随着元素原子序数的递增而呈周期性变化的规律叫作元素周期律。

3. 元素周期律的应用

周期表中元素性质的递变规律:同一周期中,从左到右,元素的金属性逐渐减弱,非金属性逐渐增强。同一主族中,从上到下,元素的金属性逐渐增强,非金属性逐渐减弱。

(三)认识化学键

1. 化学键

在原子结合成分子的时候,相邻的两个或多个原子之间强烈的相互作用称为化学键。常见化学键的主要类型有离子键和共价键,共价键又分为非极性键和极性键。

2. 离子键和离子化合物

离子键:阴、阳离子间通过静电作用所形成的化学键。由离子键构成的化合物叫作离子化合物。

3. 共价键和共价化合物

共价键:原子间通过共用电子对所形成的化学键。以共用电子对形成分子的化合物叫作共价化合物。

非极性键:由同种原子形成,共用电子对不偏向任何一个原子的共价键。

极性键:由不同种原子形成,共用电子对偏向吸引电子能力强的原子一方的共价键。

4. 极性分子和非极性分子

从整个分子看,分子里电荷分布是对称的,这样的分子叫作非极性分子。

整个分子的电荷分布是不对称的,这样的分子叫作极性分子。

二、电解质溶液和离子反应

(一)认识电解质

1. 电解质的定义

在水溶液中或熔融状态下,能导电的化合物叫作电解质,不能导电的化合物叫作非电解质。

2. 电解质的分类

在溶液中全部电离的电解质是强电解质,部分电离的电解质是弱电解质。

3. 电离方程式

在一定条件下,当电解质分子电离成离子的速率等于离子结合成分子的速率时,未电离的分子和离子间就建立起动态平衡。这种平衡称作电离平衡。

电离方程式的书写步骤:写、配、检。

(二)认识离子反应

1. 离子反应

有离子参加或有离子生成的反应,统称为离子反应。其本质是溶液中某些离子的物质的量(数量)的减少。

2. 离子反应方程式

用实际参加反应的离子符号来表示反应的式子叫作离子方程式。其书写步骤:写、拆、删、查。

3. 离子反应发生的条件

溶液中发生离子反应的条件之一是生成难溶物质，或生成易挥发物质，或生成弱电解质。

三、化学基本量及其计算

(一)认识物质的量

1. 物质的量

物质的量表示物质基本单元数目的多少。

摩尔(mol)是表示物质的量的基本单位，每摩尔物质所含的基本单元(分子、原子、离子等)数为阿伏伽德罗常数(N_A)个。

摩尔质量(M)：单位物质的量的物质所具有的质量。任何物质的摩尔质量在以 $g \cdot mol^{-1}$ 为单位时，数值上等于其相对基本单元质量。

2. 气体摩尔体积

标准状况：温度为 273.15K(0℃)和压强为 1.01325×10^5 Pa(1atm)的条件。

气体摩尔体积(V_m)：单位物质的量的气体所占有的体积。常用单位是 $L \cdot mol^{-1}$。在标准状况下，任何气体的摩尔体积都约为 $22.4 L \cdot mol^{-1}$。

(二)认识物质的量浓度

1. 物质的量浓度

物质的量浓度(c)：单位体积溶液中所含溶质的物质的量，常用单位为 $mol \cdot L^{-1}$。其计算公式为：

$$c = \frac{n}{V}$$

2. 溶液的稀释

溶液稀释的关系式为：

$$c_1 V_1 = c_2 V_2$$

(三)根据化学方程式计算

根据化学方程式，可以计算反应中各物质的质量、物质的量和气体体积等。计算原则是各物质的化学计量数之比等于物质的量之比。

模块2　化工强国

在技术的璀璨星空中，中国化工行业的创新力量犹如一颗耀眼的明星，引领着行业变革的潮流。无数中国企业以开放的姿态拥抱创新，投入大量研发资源，不断推出拥有自主知识产权的化工产品和技术。例如，中国石化工业在催化剂、原料替代、节能减排等领域取得了重要进展，实现了高效、绿色、智能的发展。

与此同时，中国的化工产品如涓涓细流般注入全球化工市场的每个角落，满足着世界各地对化工产品的多样化需求。从基础的化学品到高精尖的材料，中国化工行业的出口额逐年攀升，成为全球化工市场不可或缺的重要供应国。

越来越多的中国企业通过跨国收购、兼并等方式拓展国际市场，与全球同行携手合作，共创美好未来。近年来，中国化工行业在国际市场的影响力不断扩大，已成为推动全球化工产业发展的强大引擎。

项目 2.1　从侯氏制碱到钠产业

项目背景

侯德榜先生以其超群的智慧和不懈的努力，成功研发出具有划时代意义的制碱方法——侯氏制碱法。它不仅彻底颠覆了传统制碱工艺，更让中国在世界制碱舞台上崭露头角，成为全球最大的纯碱生产国之一。随着科技的日新月异，钠产业链应运而生。这一产业链从盐湖资源的开采开始，历经氯化钠的加工、纯碱与烧碱的生产，延伸至下游应用的各个领域，形成了一个完整的产业生态圈。从侯氏制碱法的诞生到钠产业链的形成，不仅是中国化学工业的巨大飞跃，更是人类科技进步与发展的见证。这一历程不仅推动了中国的科技进步和经济发展，更为全球化工产业带来了深刻的变革与影响。

目标预览

1. 掌握碳酸钠和碳酸氢钠的重要性质，能设计实验鉴别两种物质。
2. 掌握钠的重要性质，能查阅资料了解钠在生活、工业中的应用。
3. 掌握氧化钠和过氧化钠的重要性质，能设计实验鉴别两种物质。

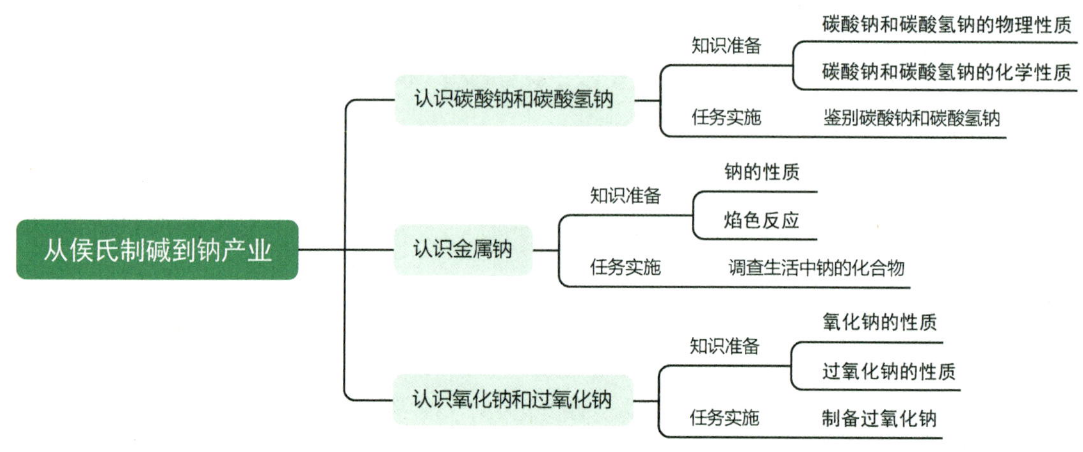

任务 2.1.1 认识碳酸钠和碳酸氢钠

【任务描述】

碳酸钠和碳酸氢钠在工业上的应用非常广泛，涉及纺织、造纸、肥皂制造等多个领域。在本任务中，我们将模拟侯氏制碱法制取碳酸钠和碳酸氢钠，掌握它们的物理、化学性质，知道它们的用途；学会观察并如实记录实验现象，进行分析和推理，得出合适结论。

【知识准备】

知识点 1 碳酸钠和碳酸氢钠的物理性质

Na_2CO_3 又叫纯碱，俗称苏打。无水碳酸钠是白色粉末，易溶于水，溶解时放热。我国内地的盐碱湖中有 Na_2CO_3，低温时，湖面上会析出晶体，叫作天然碱。透明晶状的 $Na_2CO_3 \cdot 10H_2O$ 在干燥空气中易失去结晶水变成粉末，转变成 Na_2CO_3。碳酸钠吸湿性很强，吸湿后可结成硬块。

$NaHCO_3$ 俗称小苏打，是细小白色晶体，在水中的溶解度比碳酸钠的略小，固体碳酸氢钠受热即分解。碳酸钠溶液吸收 CO_2，可制得碳酸氢钠。碳酸氢钠也是氨碱法制纯碱的中间产物。

碳酸钠和碳酸氢钠两者物理性质是否有相似之处，又有何差异？我们通过下面的实验来分析和探究。

【做一做】认识碳酸钠和碳酸氢钠的物理性质(见图 2-1)

(1)取两根洁净的试管。

(2)在两支试管中分别加入少量 Na_2CO_3 和 $NaHCO_3$。

(3)观察外观并进行描述。

(4)向以上两支试管中分别滴入几滴水，振荡，观察现象。

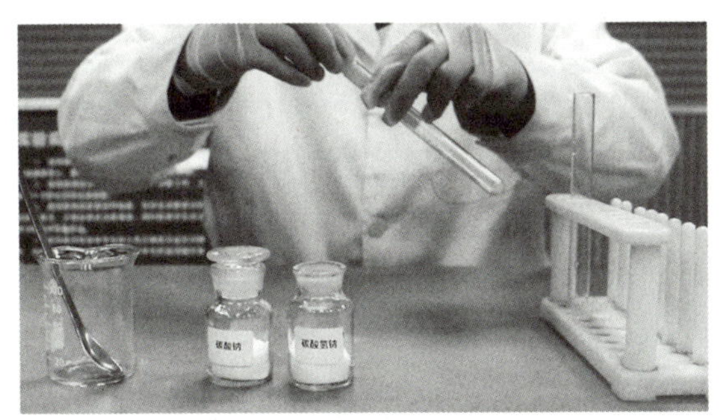

图 2-1　碳酸钠和碳酸氢钠的物理性质

实验视频 2-1：碳酸钠和碳酸氢钠的物理性质

现象与结论(见表 2-1)：

表 2-1　碳酸钠和碳酸氢钠的物理性质

盐	Na_2CO_3	$NaHCO_3$
现象	白色粉末	细小白色晶体
	加少许水后，结块变成晶体；温度上升	加少许水后，少部分溶解；温度略有下降
	振荡后可溶解	固体量有所减少
初步结论	加水先变成含结晶水的晶体，溶于水放热	加水少量溶解，溶于水吸热

知识点 2　碳酸钠和碳酸氢钠的化学性质

碳酸钠和碳酸氢钠两者化学性质是否有相似之处，又有何差异？我们通过下面的实验来分析和探究。

【做一做】比较碳酸钠和碳酸氢钠的化学性质

(1)取两支试管，分别加入少许 Na_2CO_3 和 $NaHCO_3$，加入少量蒸馏水，测定其酸碱性。

(2)取两支试管,分别加入 2mL 同浓度 Na_2CO_3、$NaHCO_3$ 溶液,再滴加等量稀盐酸,振荡,观察现象。

(3)取两支干燥的洁净试管,分别加入少量 Na_2CO_3 和 $NaHCO_3$,加热,观察并记录现象。

实验视频 2-2:碳酸钠和碳酸氢钠化学性质比较

现象与结论(见表 2-2):

表 2-2 碳酸钠和碳酸氢钠的化学性质

盐	Na_2CO_3	$NaHCO_3$
现象	水溶液呈碱性	水溶液呈碱性
	有气泡产生	有气泡产生,反应更剧烈
初步结论	(1)溶液碱性比 $NaHCO_3$ 的强; (2)与盐酸反应,放出 CO_2: $Na_2CO_3+2HCl = 2NaCl+H_2O+CO_2\uparrow$ (3)Na_2CO_3 很稳定,受热不分解	(1)溶液碱性比 Na_2CO_3 的弱; (2)与盐酸反应,放出 CO_2,反应更剧烈: $NaHCO_3+HCl = NaCl+H_2O+CO_2\uparrow$ (3)$NaHCO_3$ 不稳定,受热易分解: $2NaHCO_3 \overset{\triangle}{=} Na_2CO_3+CO_2\uparrow+H_2O$

【任务实施】

鉴别碳酸钠和碳酸氢钠

碳酸钠与碳酸氢钠,看似相似,实则各具特色。两者均是白色固体,水溶液都呈碱性,但它们的理化性质却有差异。请设计一个实验方案,鉴别碳酸钠、碳酸氢钠。

第一步:查阅

查找碳酸钠和碳酸氢钠的鉴别方法。

第二步:决策

我们的决策

选择的鉴别方法:

需要的实验仪器和试剂:

实施步骤:

第三步:实施(以比较碳酸钠、碳酸氢钠与盐酸反应的剧烈程度为例)

(1)取相同型号的硬质玻璃管 2 支,橡皮塞 2 个,10mL 一次性注射器 2 支,气球 2 个,铁架台和滴定管夹各 1 个。将 2 支硬质玻璃管固定在滴定管夹上,组成装置如图 2-2 所示。

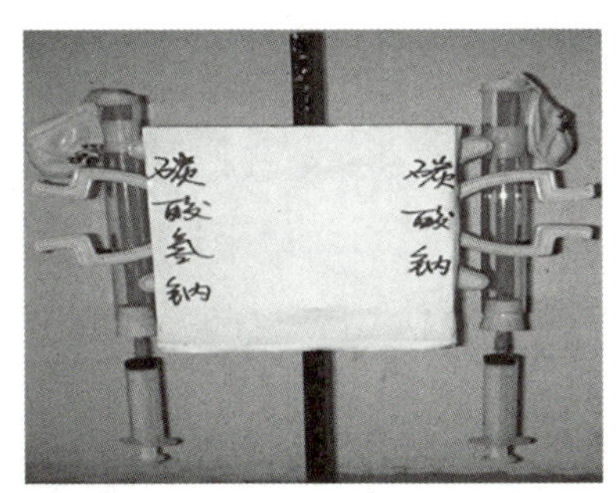

图 2-2 $NaHCO_3$、Na_2CO_3 与 HCl 的反应装置

(2)在硬质玻璃管中分别装入 10mL 0.4mol·L^{-1} Na_2CO_3 和 10mL 0.4mol·L^{-1} $NaHCO_3$,在 2 支注射器中分别吸入 4mL 4mol·L^{-1}的盐酸。

(3)同时向上推注射器手柄,第一次推入 2mL 的盐酸,观察反应的剧烈程度。

(4)继续推入 2mL 的盐酸,观察反应的剧烈程度。

第四步:反思与改进

____

____

【思考与练习】

1. 化学与生活密切相关。下列物质的俗名与化学式对应正确的是( )。

A. 纯碱——NaOH　　B. 水银——Ag

C. 绿矾——$CuSO_4 \cdot 5H_2O$　　D. 小苏打——$NaHCO_3$

2. 为了验证 Na_2CO_3 固体中是否含有 $NaHCO_3$,下列实验事实及判断中,正确的是( )。

A. 溶于水后加石灰水,看有无沉淀　　B. 加稀盐酸观察是否有气体产生

C. 加热后称重,看质量是否变化　　D. 在无色火焰上灼烧,观察火焰是否呈黄色

3. 下列关于相同物质的量的 Na_2CO_3 和 $NaHCO_3$ 的比较中,正确的是( )。

A. 相同温度下,在水中的溶解度:$Na_2CO_3 < NaHCO_3$

B. 热稳定性:$Na_2CO_3 > NaHCO_3$

C. 都能与足量盐酸反应放出 CO_2,但产生气体的物质的量相同

D. Na_2CO_3 不能转化成 $NaHCO_3$,而 $NaHCO_3$ 能转化成 Na_2CO_3

4. 有碳酸钠、碳酸氢钠、氯化钠的混合物 4g，把它们加热到质量不再减轻为止，冷却后称量为 3.38g，求原混合物中碳酸氢钠的质量。

5. 碳酸氢钠是焙制糕点所用的发酵粉的主要成分之一，我们发现，加入发酵粉的面团加热焙烤后体积比原来大了好多。你知道原因是什么吗？

【任务评价】

见附录 1。

任务 2.1.2 认识金属钠

【任务描述】

我们已经知道钠元素在自然界中都以化合物的形式存在，钠的单质可以通过化学反应制得，是一种重要的化工原料。那么，钠有哪些性质呢？在本任务中，我们将以“金属钠的制备”工艺为切入点，学习并掌握钠的物理性质和化学性质，知道它的用途；学会金属钠的取用，会进行加热操作，通过关注化学物质对环境和健康的潜在影响，提升环保意识和社会责任感。

【知识准备】

钠是电和热的良导体，熔沸点低，质地软，密度约 $0.97g \cdot cm^{-3}$，是具有银白色光泽的轻金属。钠是实用价值很高的金属，可作为还原剂，用于稀有金属的冶炼。钠也广泛应用于电光源，如高压钠灯，它发出的黄光射程远，透雾能力强，用作路灯时，光照强度比高压水银灯高几倍。

知识点 1 钠的性质

【做一做】观察金属钠

(1)用镊子取一小块钠,用滤纸吸干表面的煤油。

(2)用刀切去外皮,观察钠的光泽和颜色(见图2-3)。

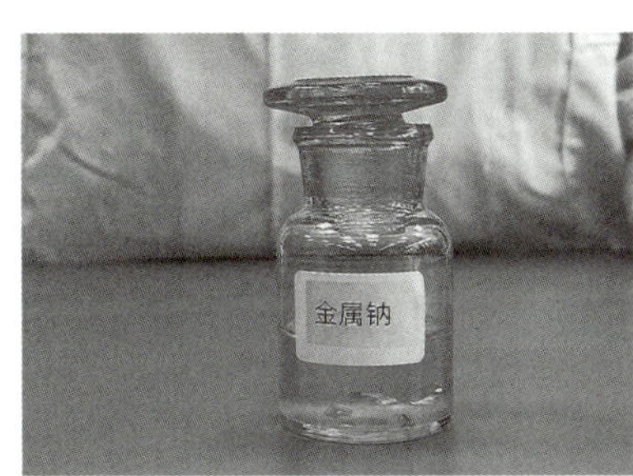

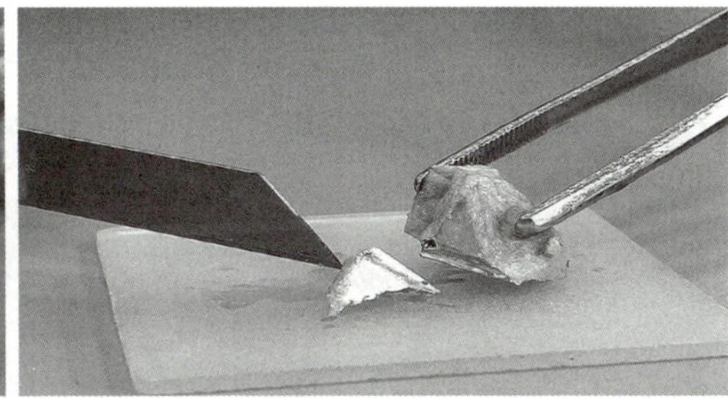

图2-3 观察金属钠

现象和结论:从实验可知,钠很软,能用刀切割。切开外皮后,可以看到钠具有银白色的金属光泽。新切开的钠,其光亮的表面很快变暗了,这是因为钠与氧气发生反应,在钠的表面生成了氧化钠。

$$4Na+O_2 \longrightarrow 2Na_2O$$

因此,在实验室中,要把钠保存在液体石蜡或煤油中,以隔绝空气。

【做一做】加热金属钠

(1)加热坩埚,切取一块绿豆大的钠,迅速投到热坩埚中(见图2-4)。

(2)继续加热坩埚片刻。

(3)待钠熔化后立即撤掉酒精灯。

(4)观察现象。

实验视频2-3:加热金属钠

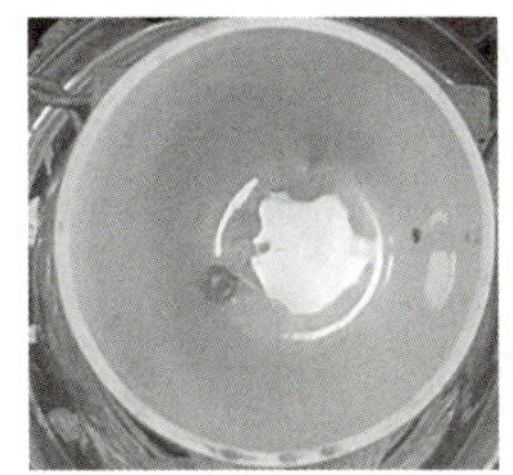
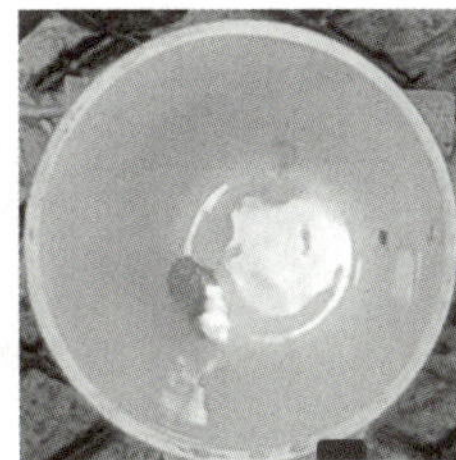
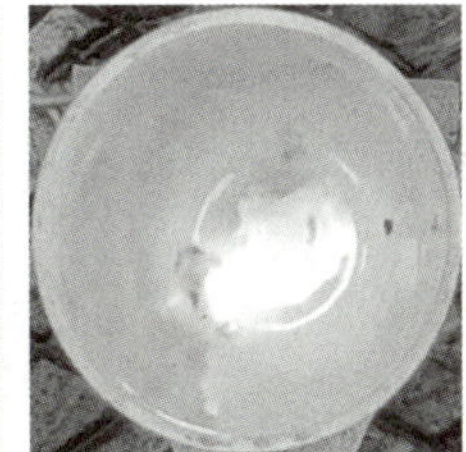

图2-4 金属钠燃烧

现象和结论:钠受热后先熔化,然后与氧气剧烈反应,发出黄色火焰,生成一种淡黄色固体。

这种淡黄色固体是过氧化钠(Na_2O_2)。

$$2Na+O_2 \xlongequal{\triangle} Na_2O_2$$

【做一做】金属钠与水反应把钠放入水中

(1)在烧杯中加入水,滴入几滴酚酞溶液。

(2)把一块绿豆大的钠放入水中(见图 2-5)。

(3)观察现象。

(a) 把钠放水中

(b) 钠浮在水面上迅速反应

(c) 钠熔为小球并在水面上快速移动

图 2-5 金属钠与水反应

现象和结论:钠的性质非常活泼,能与水发生剧烈反应;反应时放出热量;反应后得到的溶液显碱性。钠与水反应的化学方程式为:

$$2Na+2H_2O = 2NaOH+H_2\uparrow$$

实验视频 2-4:钠与水反应

思考与讨论:

实验室里为什么要把钠保存在液体石蜡或煤油中?

当火灾现场存放有大量活泼金属时,能用水灭火吗?

知识点 2 焰色反应

我们在观察钠的燃烧时,发现火焰呈黄色。很多金属或它们的化合物在灼烧时火焰都会呈现出特征颜色。

【做一做】焰色反应

把熔嵌在玻璃棒上的铂丝(或用光洁无锈的铁丝)放在酒精灯外焰上灼烧,至与原来的火焰颜色相同时为止。用铂丝(或铁丝)蘸取碳酸钠溶液,在外焰上灼烧,观察火焰的颜色。将铂丝(或铁丝)用盐酸洗净后,在外焰上灼烧至与原来的火焰颜色相同时,再蘸取碳酸钾溶液做同样的实验,此时要透过蓝色钴玻璃观察火焰的颜色。

根据火焰呈现的特征颜色，可以判断试样所含的金属元素。化学上把这样的定性分析操作称为**焰色试验**，如图 2-6 所示。

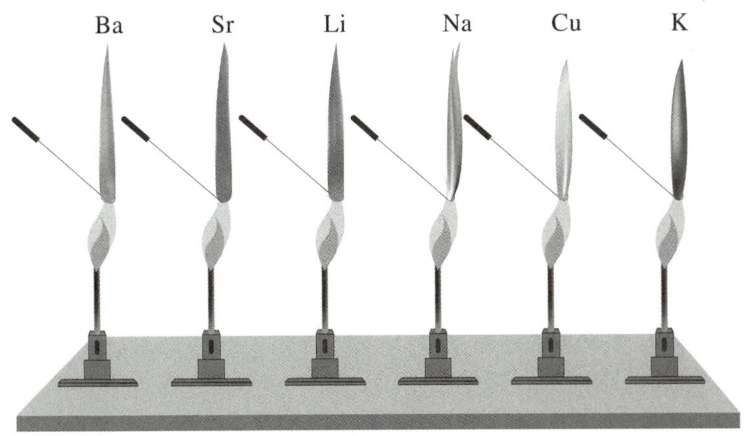

图 2-6 焰色反应

【任务实施】

调查生活中钠的化合物

金属钠是一种重要的金属材料和化工原料，在多个领域得到广泛应用，包括化学工业、电池制造、合金制备等。随着可持续发展和环保意识的提升，新兴技术也推动着金属钠行业的发展。

第一步：查阅

(1)了解金属钠的发现史和工业制法；

(2)了解钠在工业领域和生活中的应用价值。

第二步：决策

我们的决策

选择钠的化合物：

选择的调查工具：

实施步骤：

第三步：实施

钠在生活中的应用调研报告

发展背景：

研究现状：

应用情况：

第四步：反思与改进

【思考与练习】

1. 下列关于金属钠的物理性质描述，错误的是（　　）。

A. 密度比水大　　B. 断面呈银白色，有金属光泽

C. 质软，可以用刀切　　D. 钠的熔点较低，与水反应时熔成小球

2. 在烧杯中加入一些水，滴入几滴酚酞溶液，然后把一块绿豆大的钠放入水中。在该实验中不能观察到的现象是（　　）。

A. 钠浮在水面　　B. 溶液变成红色

C. 钠沉在水底　　D. 钠熔成光亮的小球

3. 用光洁的铂丝蘸取某无色溶液在无色火焰上灼烧，直接观察到火焰呈黄色，下列各判断正确的是（　　）。

A. 只含有 Na^+　　B. 一定含有 Na^+，可能含有 K^+

C. 既含有 Na^+，又含有 K^+　　D. 可能含有 Na^+，可能还含有 K^+

4. 有一块表面被氧化成氧化钠的金属钠，质量是 10.8g，将其投入到 100g 水中完全反应后，收集到 0.2g H_2，求反应后所得溶液中溶质的质量分数。

5. 金属钠起火，能否用水灭火？为什么？

【任务评价】

见附录1。

任务 2.1.3 认识氧化钠和过氧化钠

【任务描述】

我们已经知道钠能在空气中燃烧生成过氧化钠，由于过氧化钠独特的化学性质，其在许多工业领域中都有应用。通过本任务学习，掌握氧化钠、过氧化钠的物理化学性质和用途，掌握基本实验技能，通过任务驱动、体验对比、分类、推理等分析方法在学习和研究物质性质过程中的应用，培养勤于思考的习惯和实事求是的科学态度。

【知识准备】

过氧化钠在工业上有广泛的用途，常用作漂白剂、杀菌剂、消毒剂、除臭剂、氧化剂等。从物质分类的角度来看，氧化钠和过氧化钠都属于氧化物(见图 2-7)。

(a)氧化钠

(b)过氧化钠

图 2-7　氧化钠和过氧化钠

知识点 1 氧化钠的性质

氧化钠是白色固体，作为碱性氧化物，能与水反应：

$$Na_2O + H_2O = 2NaOH$$

也能与 CO_2 反应：

$$Na_2O + CO_2 = Na_2CO_3$$

知识点 2 过氧化钠的性质

【做一做】过氧化钠与水反应

(1)将过氧化钠置于试管中，观察。

(2)加入 1～2mL 水，立即把带火星的木条伸入试管中，用手轻触试管外壁，检验生成的气体。

(3)用 pH 试纸检验溶液的酸碱性。

实验视频 2-5：过氧化钠与水反应

过氧化钠是一种淡黄色粉末，与水反应生成了能使带火星木条复燃的气体，用 pH 试纸检测可知反应后的溶液呈碱性。由此可知，过氧化钠与水反应生成氢氧化钠和氧气：

$$2Na_2O_2 + 2H_2O = 4NaOH + O_2\uparrow$$

【做一做】过氧化钠与二氧化碳反应

(1)把少量 Na_2O_2 粉末平铺在一薄层脱脂棉上，用玻璃棒轻轻压拨使 Na_2O_2 进入脱脂棉中(见图 2-8)。

(2)用镊子将带有 Na_2O_2 的脱脂棉轻轻卷好，放入蒸发皿中。

(3)用细长玻璃管向脱脂棉缓缓吹气，观察现象。

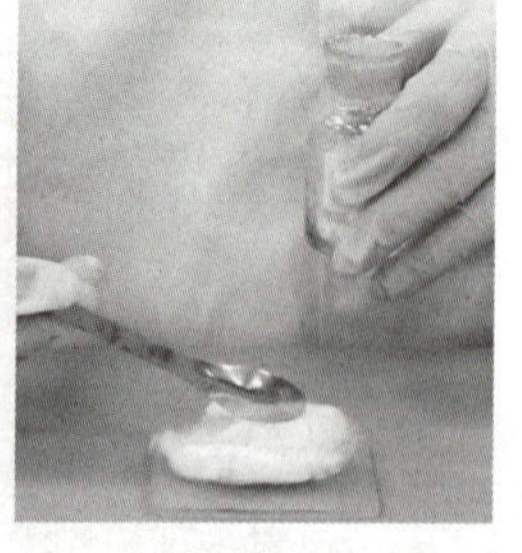

图 2-8 过氧化钠与二氧化碳反应

实验视频 2-6：过氧化钠与二氧化碳反应

棉花团剧烈燃烧，说明过氧化钠能与二氧化碳反应生成碳酸钠和氧气：

$$2Na_2O_2 + 2CO_2 = 2Na_2CO_3 + O_2$$

【任务实施】

制备过氧化钠

过氧化钠可用在矿山、坑道、潜水或宇宙飞船等可能导致缺氧的场合，将人们呼出的 CO_2 再转换成 O_2，供呼吸之用；还可以用于消毒、杀菌和漂白。过氧化钠暴露在空气中容易变质，请查阅资料，设计一个在实验室中制备过氧化钠的可行性方案。

第一步：查阅

(1)查阅资料，了解过氧化钠的制法。

(2)了解过氧化钠在生活和工业上的用途。

第二步：决策

比较过氧化钠的制备方法，写出实验方案，进行可行性论证。

我们的决策

选择的过氧化钠制取方法：

选择的仪器和试剂：

实施步骤：

第三步：实施(根据可行的方案制备过氧化钠，可参考如下步骤)

(1)按照装置图连接好仪器的各部分，检验气密性，如图 2-9 所示。

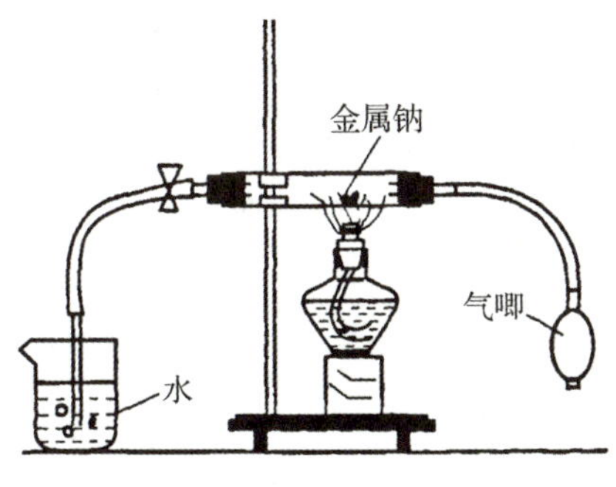

图 2-9　过氧化钠的制备

(2)用小刀切取绿豆般大小的金属钠,用滤纸吸去表面的煤油,放在凹形玻璃片上。

(3)打开接有气唧一端的塞子,用镊子将载有金属钠的凹形玻片放入硬质玻璃管中,接上气唧。

(4)先用酒精灯预热硬质试管,然后用外焰对准金属钠加热一分钟,当金属钠熔化成灰白色具有金属光泽的小球时,开始用气唧不断鼓入空气,保证燃烧所需的氧气。

(5)燃烧完毕,停止通气,用弹簧夹夹住硬质试管左边的乳胶管,同时撤去酒精灯,使生成物处于一个封闭的体系中,即可得到淡黄色的过氧化钠并可长时间保存。

第四步:反思与改进

____

____

【思考与练习】

1. 在呼吸面具和潜水艇中,过滤空气的最佳物质是(　　)。

A. NaOH　　B. Na_2O_2　　C. Na　　D. Al

2. 下列有关 Na_2O 和 Na_2O_2 的叙述中,正确的是(　　)。

A. Na_2O 比 Na_2O_2 稳定

B. 只用水就可确定某 Na_2O 粉末中是否含有 Na_2O_2

C. Na_2O、Na_2O_2 分别与 CO_2 反应,产物相同

D. 二者都是碱性氧化物

3. 向装有 Na_2O_2 的试管中加入一定量水,再滴入 2 滴酚酞溶液并振荡,下列叙述正确的是(　　)。

A. 加水后,将燃着的木条放到试管口,燃着的木条熄灭

B. 滴入酚酞溶液,先变红,振荡后褪色

C. 滴入酚酞溶液,溶液仍为无色

D. Na_2O_2 能与酚酞发生氧化还原反应使溶液变为红色

4. 神舟飞船载着两名宇航员圆满完成任务,宇航员们在太空还做了大量材料科学、生命科学试验及空间天文和空间环境探测等项目的研究。

(1)为了使宇航员拥有一个稳定、良好的生存环境,科学家们在飞船内安装了盛有过氧化钠(Na_2O_2)颗粒的装置,它的用途是产生氧气。过氧化钠能吸收二氧化碳,产生碳酸钠(Na_2CO_3)和氧气,该反应的化学方程式是:

____

(2)如果1名宇航员每天需消耗860克氧气，整个飞行计划按6天计算，2名宇航员至少需消耗多少克Na_2O_2？

5. 铁路提速为鲜活水产品、新鲜水果和蔬菜的运输提供了有利条件。在鲜活鱼的长途运输中，必须考虑以下几点：水中需要保持适量的O_2；及时除去鱼排出的CO_2；防止细菌的大量繁殖。现有两种在水中能起供氧灭菌作用的物质，其性能如下：

过氧化钠(Na_2O_2)：易溶于水，与水反应生成NaOH和O_2；

过氧化钙(CaO_2)：微溶于水，与水反应生成$Ca(OH)_2$(微溶)和O_2。

根据以上介绍，你认为运输鲜活水产品时应选择________加入水中。请简述理由。

【任务评价】

见附录1。

【思政微课堂】

追忆峥嵘岁月　汇聚奋斗力量——大国栋梁侯德榜

他是清华高材生，考出过10门功课门门100分，总分1000分的逆天成绩，创造了中国教育史上的一段神话！

他打破欧美70年的技术封锁，放弃价值万亿的专利，让全世界都能够用得上相对廉价的纯碱，带中国人进入世界化工史册，更开辟了世界制碱工业的新纪元！

他是化学巨擘——侯德榜。他发现了氨碱法生产的不足之处，并于1943年提出了著名的侯氏制碱法(又称联合制碱法)，即将二氧化碳通入氨化的氯化钠饱和溶液中，使溶解度小的碳酸氢钠从溶液中析出：

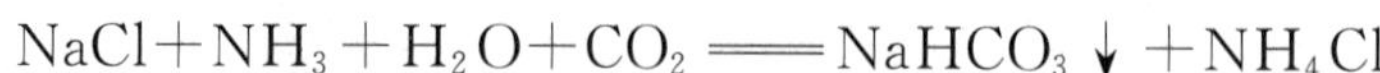

$$NaCl+NH_3+H_2O+CO_2 = NaHCO_3\downarrow +NH_4Cl$$

过滤得到的碳酸氢钠晶体受热分解后生成碳酸钠。此方法将氨碱法与合成氨法两种工艺联合起来，同时得到纯碱和氯化铵两种产品，提高了食盐的利用率，缩短了生产流程，减少了对环境的污染，降低了成本，为中国赢得了荣誉。

侯德榜为我国化工事业作出的贡献永远不会被遗忘，除了中国邮政在 1990 年发行纪念邮票外，1999 年中国化工学会又以侯德榜的名字专门设立“侯德榜化工科学技术奖”，用于奖励和表彰优秀的化工科技工作者。侯德榜严谨求实的科学态度以及心系祖国的赤子情怀，都是值得我们每个中国人学习的高尚品质。

项目 2.2　工业盐酸

项目背景

盐酸是一种重要的化工原料。1949 年我国盐酸产量仅 0.3 万吨，全部采用合成法生产，其应用领域也极为单一，主要用于化学试剂及食品等几个领域，目前我国已跻身世界盐酸生产大国行列。盐酸在化学工业中有着很多重要应用，对产品的质量起决定性作用，它可用于酸洗钢材，也是大规模制备许多无机、有机化合物所需的化学试剂，例如 PVC 塑料的前体氯乙烯。同时，盐酸还能用于家务清洁、除水垢、皮革加工等。

目标预览

1. 理解氯化氢的性质，能搭建装置完成实验室制备。
2. 掌握氯气的性质以及相应的制取方法，能自主探究氯水的成分。
3. 了解卤素单质的递变规律，能设计实验鉴别卤离子。

项目导学

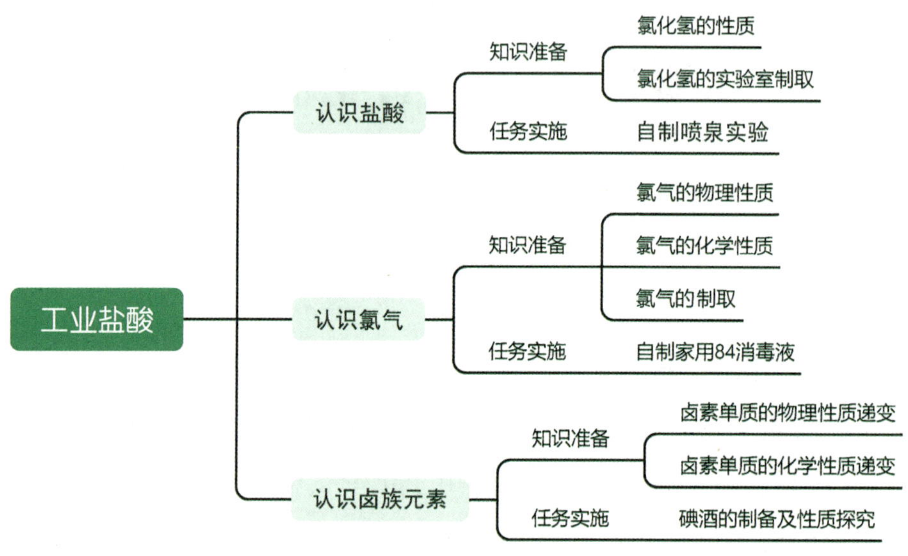

任务 2.2.1　认识盐酸

【任务描述】

氯化氢的水溶液,称为盐酸。在初中,我们已经学习了盐酸的性质,它具有酸的通性,能与活泼金属、碱性氧化物、碱、部分盐以及指示剂发生化学反应。在本任务中,我们将重点探究氯化氢的性质以及实验室制取方法。通过自制喷泉实验,培养学生的科学思维能力,学会分析问题、解决问题。

【知识准备】

知识点 1　氯化氢的性质

氯化氢是无色并具有刺激性气味的气体,有毒。它极易溶于水,在 0℃时,1 体积水大约能溶解 500 体积的氯化氢。氯化氢在潮湿的空气中与水蒸气形成盐酸液滴而呈现白雾。

纯净的盐酸是无色有刺激性气味的液体，具有较强的挥发性。通常市售浓盐酸的密度为 1.19g・cm^{-3}，质量分数约为 0.37，相当于 12mol・L^{-1}左右。工业盐酸常因含有三价铁离子而呈黄色。

知识点 2 氯化氢的实验室制取

实验室里通常使用食盐与浓硫酸反应制取氯化氢。

【做一做】氯化氢的制取

(1)按照图 2-10 搭建气体发生装置。

(2)往圆底烧瓶中加入氯化钠固体，从分液漏斗中加入适量浓硫酸，用酒精灯加热。

(3)观察并记录实验现象。

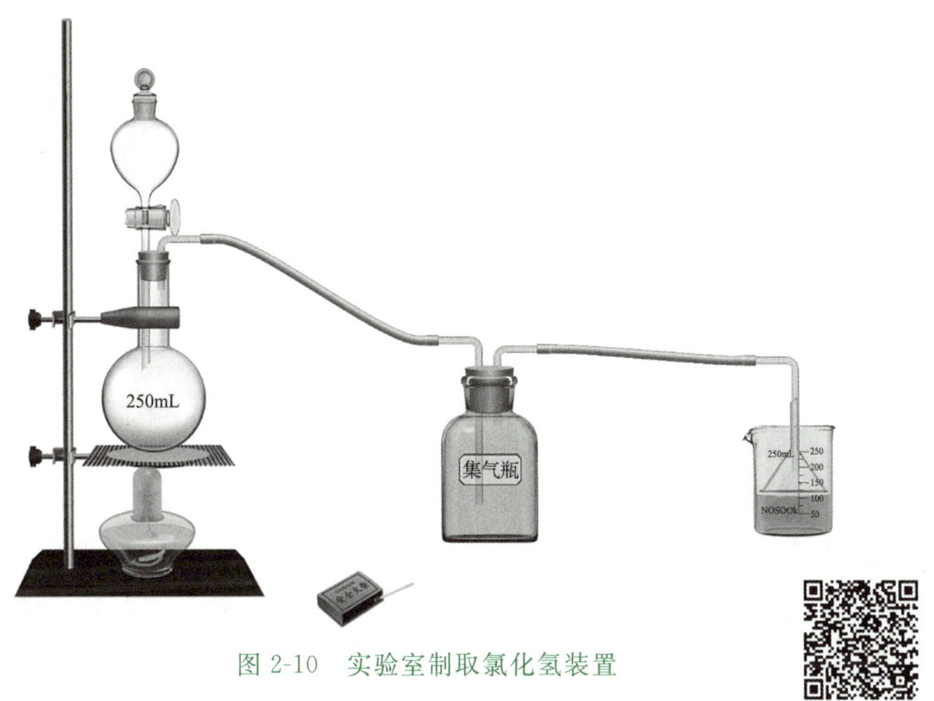

图 2-10 实验室制取氯化氢装置

实验视频 2-7:实验室制取氯化氢

反应原理：

$$NaCl + H_2SO_4 \xlongequal{\text{不加热或微热}} NaHSO_4 + HCl\uparrow$$

$$2NaCl + H_2SO_4 \xlongequal{500\sim600^\circ C} Na_2SO_4 + 2HCl\uparrow$$

由于氯化氢密度比空气大，故可以使用向上排空气法收集；氯化氢极易溶于水，不可以通过排水法收集。同时，氯化氢是一种有毒有害气体，会对环境造成污染，因此多余的氯化氢气体需要进行尾气处理。

【任务实施】

自制喷泉实验

喷泉是一种宏观的液体喷涌现象。在生活中我们总会被绚丽的喷泉吸引，比如杭州西湖的音乐喷泉，每年都会有成千上万游客慕名而来。喷泉形成的原理有很多，本任务中我们将利用所学知识，设计实验制备精美的喷泉。

第一步：查阅

(1)了解喷泉形成的原理。

(2)了解常见的喷泉装置。

第二步：决策

我们的决策

选择制造喷泉的方法：

需要的实验仪器和试剂：

实施步骤：

第三步：实施(制作氯化氢的喷泉实验)

在干燥的圆底烧瓶里充满 HCl 气体，用带有玻璃管和滴管(预先吸入水)的塞子塞紧瓶口，立即倒置圆底烧瓶(见图 2-11)，使玻璃管插入盛有水的烧杯里(预先加入少量石蕊试液)，挤出滴管中的水，打开阀门，观察实验现象。

由于 HCl 极易溶于水，使得烧瓶里压强减小，外界大气压将烧杯中的水压入烧瓶中，形成红色喷泉。

常温常压下 HCl、NH_3 等极易溶于水的气体与水组合能形成喷泉；酸性气体与 NaOH 溶液组合也能形成喷泉，例如，CO_2 与 NaOH、SO_2 与 NaOH 等。

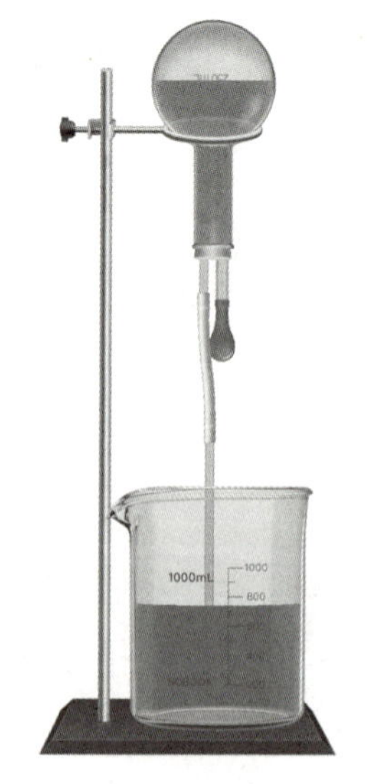

图 2-11　氯化氢喷泉实验

第四步:反思与改进

【思考与练习】

1. 工业盐酸往往略带黄色,其主要原因是含有(　　)杂质。

A. 氯化铁　　B. 氯化铜

C. 二氧化氮　　D. 氯化亚铁

2. 已知人体胃酸的主要成分为 HCl,如果胃酸分泌过多,可以食用(　　)。

A. 苏打水(pH=7.5~9.0)　　B. 蜂蜜水(pH=3.5~4.5)

C. 氢氧化钠　　D. 酸奶

3. 氯化氢对大气有一定的污染,我们在收集时要进行尾气处理,通常选用(　　)。

A. 水　　B. 饱和氯化钠溶液

C. 浓硫酸　　D. 碳酸钙

4. 用 5.85g 氯化钠与足量的浓硫酸混合微热,将生成的气体用 100mL 水吸收,求所得盐酸中 HCl 的质量分数。

5. 实验室在制取氯化氢时,为了防止出现倒吸现象,可以采取哪些措施?

【任务评价】

见附录 1。

任务 2.2.2 认识氯气

【任务描述】

前面我们已经学习了原子的核外电子排布，知道氯原子具有很强的得电子能力。氯气作为典型的非金属单质，是一种重要的化工原料，在医药、农药、制造业等领域都有广泛的应用（见图 2-12）。本任务我们将探究氯气的物理性质、化学性质以及相应的制备方法。通过自制家用消毒液任务，培养学生对化学实验的兴趣和好奇心，认识到化学物质在生产、生活中的重要性。

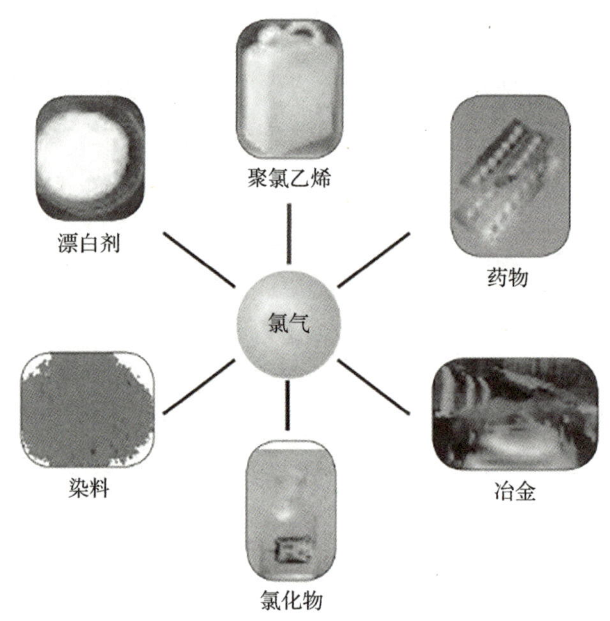

图 2-12 氯气的用途

【知识准备】

知识点 1 氯气的物理性质

1774 年，瑞典化学家舍勒发现氯气。1810 年，英国化学家戴维研究后认为这种气体仅由一种元素组成，他将这种元素命名为 Chlorine。这个名称来自希腊文，有“绿色的”意思。中国早年的译文将其译作“绿气”，后改为氯气。

氯气是具有强烈刺激性气味的黄绿色气体，密度比空气大，标准状况下密度为 $3.17g \cdot L^{-1}$。它能溶于水，在常温下1体积水可溶解2体积氯气，易溶于有机溶剂（如苯、四氯化碳等）。氯气有毒，因此实验室中闻氯气时，必须用手轻轻扇动，让微量的气体进入鼻孔。氯气容易液化，工业上称为“液氯”，通常储存于草绿色钢瓶中。

氯气是一种重要的化工原料，除用于制漂白粉和盐酸外，还用于制造橡胶、塑料、农药和有机溶剂等。

知识点2 氯气的化学性质

氯气是典型的非金属单质，化学性质很活泼，能与许多物质发生反应。

一、与金属反应

氯气可与大多数金属（除 Au、Pt 以外）在点燃或加热的条件下直接化合，生成高价态金属氯化物。

【做一做】氯气与钠反应

如图2-13所示，在集气瓶中放置一团玻璃棉，将两小块金属钠放在玻璃棉上，立即向集气瓶中通入氯气，观察现象。

图2-13 氯气与钠反应

我们可以看到，钠在氯气中剧烈燃烧产生黄色火焰，并生成大量白烟。反应方程式为：

$$2Na + Cl_2 \xlongequal{点燃} 2NaCl$$

同样，红热的铜丝也可以在氯气中燃烧，产生棕黄色的烟，即生成了氯化铜颗粒，反应方程式为：

$$Cu + Cl_2 \xlongequal{点燃} CuCl_2$$

$CuCl_2$ 溶解在水里，溶液呈现绿色。当溶液浓度不同时，颜色也略有不同。

二、与非金属反应

在常温下（在没有光照射时），氯气和氢气化合非常缓慢。如果点燃或用强光直接照射，氯气和氢气的混合气体就会迅速化合，甚至发生爆炸生成氯化氢气体，反应方程式为：

$$H_2 + Cl_2 \xlongequal{点燃/强光} 2HCl$$

当氢气在氯气中燃烧时，发出苍白色的火焰，生成无色的氯化氢气体，它立即吸收空气中的水蒸气呈现雾状，即形成了细小的盐酸液滴。

除此以外，氯气还能与其他非金属发生反应，如与磷反应，生成三氯化磷和五氯化磷的混合物，反应方程式为：

$$2P+3Cl_2 \xlongequal{\triangle} 2PCl_3,\quad 2P+5Cl_2 \xlongequal{\triangle} 2PCl_5$$

三、与水反应

氯气的水溶液称为**氯水**。常温下，溶于水中的部分氯气与水发生如下反应：

$$Cl_2+H_2O \rightleftharpoons HCl+HClO$$

【做一做】新制氯水成分探究(见图 2-14)

(1)观察新制氯水的颜色，并扇闻气味。

(2)在洁净的试管中加入 2mL 新制氯水，再向试管中加入几滴硝酸银和几滴稀硝酸，观察现象。

(3)将新制氯水滴于 pH 试纸上，观察现象。

(4)将干燥的有色布条和湿润的有色布条分别放入两瓶干燥的氯气中，观察实验现象。

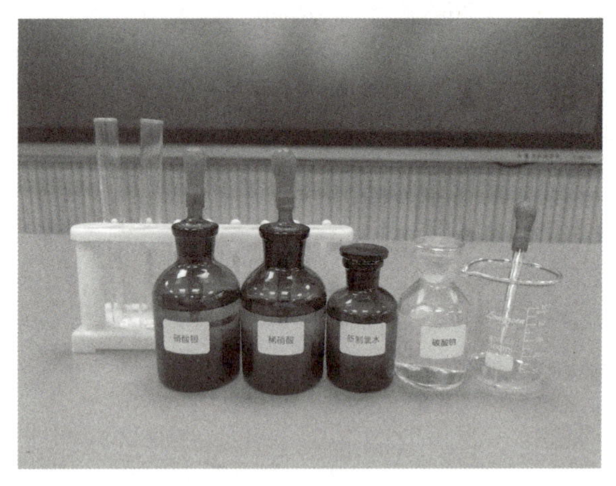

图 2-14　新制氯水成分探究

实验视频 2-8：氯水的性质探究

通过实验探究可知，新制氯水组成复杂，含有 Cl_2、$HClO$、H_2O 分子，以及 H^+、Cl^-、ClO^-、OH^- 等离子。其中 HClO 是一种很弱的酸，不稳定，在光照的情况下容易发生分解，产生氧气，反应方程式为：

$$2HClO \xlongequal{光照} 2HCl+O_2\uparrow$$

同时，次氯酸还具有强氧化性，能杀死病菌，还能作为漂白剂，可以使染料和有机色素褪色。

四、与碱反应

氯气能与碱发生反应，如：

$$Cl_2 + 2NaOH = NaCl + NaClO + H_2O$$

因此实验室制取氯气时，通常用氢氧化钠溶液进行尾气处理。

氯气可用于工业制取漂白粉，其中 $CaCl_2$、$Ca(ClO)_2$ 为漂白粉的主要成分：

$$2Ca(OH)_2 + 2Cl_2 = CaCl_2 + Ca(ClO)_2 + 2H_2O$$

知识点3 氯气的制取

一、实验室制取

在实验室，我们通常使用二氧化锰和浓盐酸来制取氯气。

【做一做】实验室制取氯气(见图 2-15)

往圆底烧瓶中加入适量固体二氧化锰，往分液漏斗中加入适量浓盐酸，加热，观察实验现象。

图 2-15　实验室制取氯气装置

实验视频 2-9：实验室制取氯气

反应原理：

$$MnO_2 + 4HCl(浓) \xlongequal{\triangle} MnCl_2 + Cl_2\uparrow + 2H_2O$$

通过向上排空气法，我们可以看到集气瓶中有黄绿色气体。

二、工业制取

工业上对氯气的需求量很大。大量生产氯气不仅要求原料易得,而且价格也是必须考虑的重要因素。19 世纪,科学家发明了电解饱和食盐水制取氯气的方法,命名为**氯碱工业**,为工业制备氯气奠定了基础。在实验室里,我们可以按如图 2-16 所示装置模拟工业制取氯气的过程,其中 b 端产生氯气。

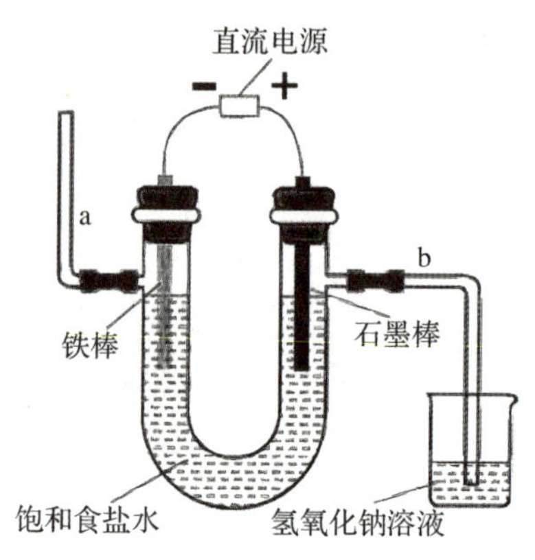

图 2-16 工业制取氯气模拟装置

【任务实施】

自制家用 84 消毒液

消毒液,是液体的消毒剂,一般具有杀菌能力强、作用速度快的特点,在生产生活中应用非常广泛。按照组成成分,可以分为氧化类、醛类、酚类、卤素类等,杀菌机理主要是消毒液中的某些成分使蛋白质发生变性。本任务中,我们将了解生活中常见的消毒液,并尝试进行配制。

第一步:查阅

(1)了解生活中常见的消毒液。

(2)了解简单消毒液的配制方法。

第二步:决策

我们的决策

选择的方法:

需要的实验仪器和试剂:

实施步骤:

第三步:实施(以自制家用 84 消毒液为例)

配制方法如下:

(1)按图 2-17 连接好实验装置。

(2)向三颈烧瓶中加入 100mL 2mol·L^{-1} NaOH 溶液,蒸馏烧瓶中加入大约 6.5g $KMnO_4$ 固体,恒压分液漏斗中加入足量浓盐酸,洗气瓶中加入 150mL 饱和 NaCl 溶液,烧杯中加入一定量氢氧化钠溶液用于吸收尾气。

(3)打开恒压滴液漏斗的活塞,观察现象,待蒸馏烧瓶中紫色褪去,停止滴加浓盐酸,此时三颈烧瓶中可得到 84 消毒液。

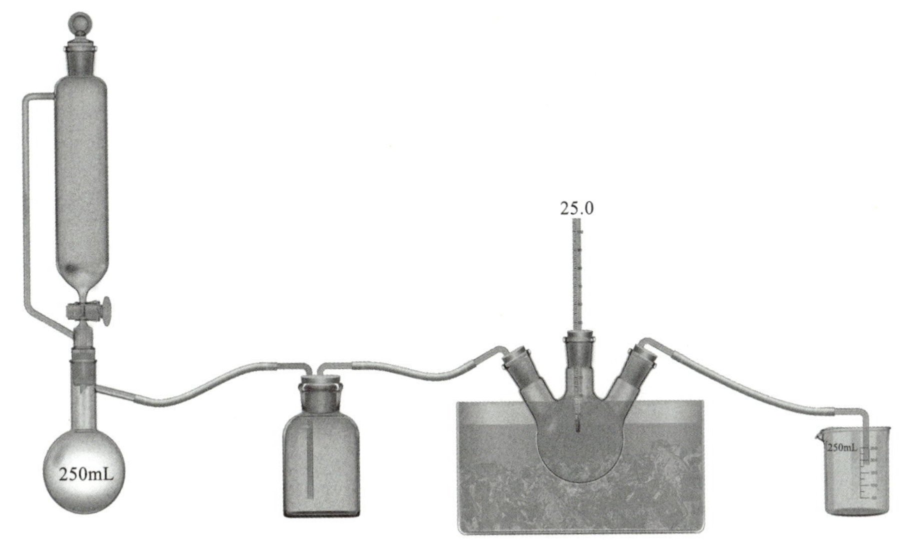

图 2-17 84 消毒液制备装置

提示:84 消毒液具有一定的腐蚀性,因此在制作和使用时,请采取必要的防护措施,如佩戴防护手套和眼镜。

第四步:反思与改进

____

____

【思考与练习】

1. 实验室制备氯气时,为了除去氯化氢杂质,我们往往选用(   )。

A. 饱和食盐水　　B. 浓硫酸　　C. 氢氧化钠　　D. 水

2. 自来水可用氯气消毒,实验室用自来水配制下列物质的溶液,不会产生明显药品变质问题的是(   )。

A. $AgNO_3$　　B. NaOH　　C. Na_2CO_3　　D. $FeCl_3$

3. 下列有关氯气、液氯、氯水的叙述正确的是(　　)。

A. 液态的氯气又称为氯水或液氯

B. 氯水放置数天后 pH 变大,漂白性增强

C. 干燥的氯气具有漂白性,能使鲜艳的花朵褪色

D. 新制氯水能使 pH 试纸先变红后褪色

4. 请说明,下列哪种情况产生的氯气多:

(1)40mL $10mol \cdot L^{-1}$浓盐酸与足量的二氧化锰反应。

(2)8.7g 二氧化锰与足量的浓盐酸反应。

5. 夏天游泳池经常要检测水质中的余氯,自来水中的余氯是如何产生的?

【任务评价】

见附录 1。

任务 2.2.3　认识卤族元素

【任务描述】

前面我们已经学习了氯气及其化合物的性质,作为同一主族的其他元素(氟、溴、碘、砹),在生活中也有着非常重要的用途。比如,氟化物在牙膏中被广泛应用,用于预防龋齿和牙龈炎;溴化物在摄影中被用作灵敏剂;碘化钾用于预防碘缺乏病等。本任务中,我们将结合元素周期律的相关知识,探讨卤族单质的性质以及递变规律。通过自制碘酒任务,培养学生动手实验的能力和探究精神,提高运用知识解决实际问题的能力。

【知识准备】

知识点 1 卤素单质的物理性质递变

氟、氯、溴、碘、砹五种元素，位于元素周期表的第ⅦA族，它们都能形成不含氧元素的盐，因此给它们创造了一个类名——halogen(s)（来自希腊文，意为“成盐者”），汉文将其译为“卤素”（“卤”有“盐碱化”的意思）。

卤素原子随核电荷数增加，电子层数依次递增，原子半径逐渐增大。其原子结构的递变使卤素单质的物理性质呈规律性变化。

从氟到碘，颜色逐渐加深，熔沸点依次升高，状态从气态、液态再到固态（见图2-18）。氟气是淡黄绿色气体，氯气是黄绿色气体，溴在常温下是红棕色的液体，碘是紫黑色的晶体。

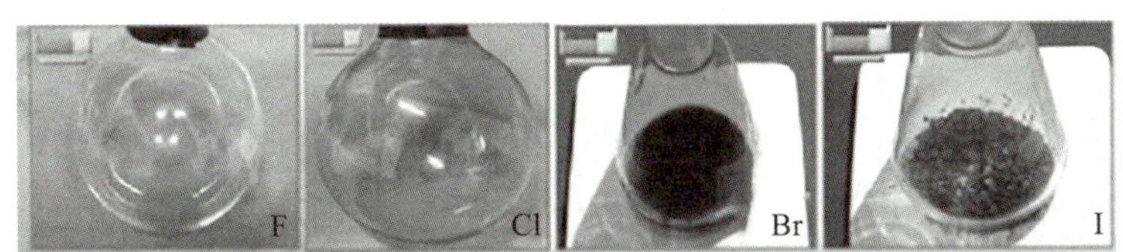

图 2-18 卤素单质性状

同时，卤素单质在水中的溶解度依次减小（除氟气以外，氟气与水剧烈反应）。氯气可以 1∶2 溶于水，液溴微溶于水，碘难溶于水，但都极易溶于有机溶剂（如四氯化碳、汽油、酒精等），并呈现不同的颜色。

在生活中，我们将碘单质溶于酒精得到的溶液称为碘酒，它是一种外用消毒剂，经常用于外伤伤口的消毒。

知识点 2 卤素单质的化学性质递变

一、与水反应

与氯气和水的反应不同，氟气与水迅速反应，放出气体，反应方程式为：

$$2F_2+2H_2O \xlongequal{\quad} 4HF+O_2$$

液溴和碘单质与水的反应较微弱。卤素单质溶于水，在水中存在下列平衡（X表示卤素元素，氟气除外）：

$$X_2+H_2O \rightleftharpoons HX+HXO$$

其中生成的 HX 均易溶于水，在空气中形成白雾，HX 都是大气污染物。HF 为剧毒。HX 水溶液均呈酸性，酸性从 HF→HI 逐渐增强，其中氢氟酸是弱酸。

二、与氢气反应

在探究 F_2、Cl_2、Br_2、I_2 与 H_2 的反应时，可以发现，F_2 和 H_2 在暗处即爆炸，剧烈反应，HF 很稳定；Cl_2 和 H_2 在光照处爆炸，HCl 较稳定；Br_2 和 H_2 在高温下缓慢反应，HBr 较不稳定；I_2（蒸气）和 H_2 持续加热慢慢化合，HI 很不稳定，同时分解。由此可知，卤素单质与氢气化合时，反应越来越困难，生成的气态氢化物的稳定性也越来越差。

三、卤素单质之间的置换反应

【做一做】卤素单质的置换（见图 2-19）

（1）取少量 KBr 溶液于试管中，再加入少量 CCl_4，滴加氯水，振荡，仔细观察 CCl_4 层颜色的变化。

（2）取少量 KI 溶液于试管中，再加入少量 CCl_4，滴加氯水，振荡，仔细观察 CCl_4 层颜色的变化。

（3）取少量 KI 溶液于试管中，再加入少量 CCl_4，滴加溴水，振荡，仔细观察 CCl_4 层颜色的变化。

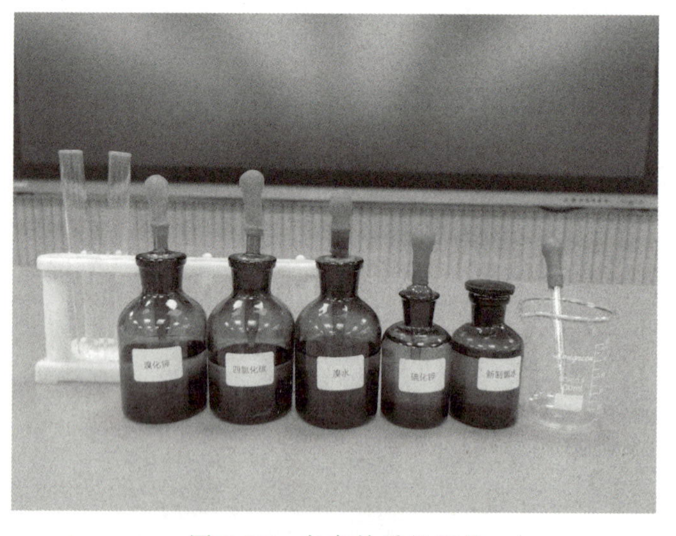

实验视频 2-10：卤素单质之间的置换反应

图 2-19　卤素单质的置换

通过溶液颜色的变化，我们发现，氯可以把溴和碘从它们的化合物里置换出来，溴可以把碘从它的化合物中置换出来。发生的反应如下：

$$2KBr + Cl_2 \xlongequal{} 2KCl + Br_2$$

$$2KI + Cl_2 \xlongequal{} 2KCl + I_2$$

$$2KI + Br_2 \xlongequal{} 2KBr + I_2$$

四、卤离子的检验

NaCl、KBr 和 KI 溶液能与 $AgNO_3$ 溶液反应，分别生成 AgCl 白色沉淀、AgBr 浅黄色沉淀和 AgI 黄色沉淀。

$$NaCl + AgNO_3 = NaNO_3 + AgCl\downarrow$$

$$KBr + AgNO_3 = KNO_3 + AgBr\downarrow$$

$$KI + AgNO_3 = KNO_3 + AgI\downarrow$$

三种沉淀呈现不同的颜色，不溶于水，也不溶于稀硝酸，可以根据此性质来鉴定卤离子。特别注意，由于 AgF 易溶，F^- 不能用 $AgNO_3$ 溶液检验。

【任务实施】

碘酒的制备及性质探究

医学上，碘酒也被称为碘酊，它是游离状态的碘和酒精混合产生的液体，呈棕色，能起到杀菌、消毒等作用，在生活中有很广泛的应用。在本任务中，我们将自制碘酒，并设计实验对它的性质展开探究。

第一步：查阅

(1)了解碘酒的制备方法及用途。

(2)了解碘酒的相关化学性质。

第二步：决策

我们的决策

选择的制备方法：

需要的实验仪器和试剂：

实施步骤：

第三步：实施(以碘酒的制备及性质探究为例)

在实验室中，我们能通过碘酒的颜色反应实现“无字天书”。下面让我们一起来自制碘酒。医用碘酒如图 2-20 所示。

(1)称取碘化钾 0.75g 置小烧杯内,加少量水,搅拌使之溶解。

(2)再加入碘 1.0g 以及乙醇 25mL,搅拌溶解。

(3)再加入水稀释至 50mL,混合均匀,即得到深棕色的碘酒溶液。

(4)取一张白纸,用玻璃棒蘸取少量淀粉溶液,在上面任意写字。

(5)再往写字处刷一层上述碘酒溶液,我们发现蓝字立刻呈现。

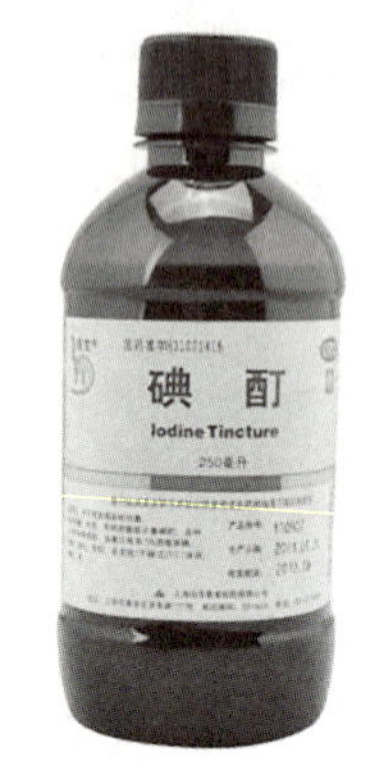

图 2-20　医用碘酒

其中的实验原理就是碘单质遇淀粉溶液变蓝色,在实验室里,我们经常可以据此来检验碘单质。

第四步:反思与改进

____

____

【思考与练习】

1. 砹(At)是核电荷数最大的卤素,其单质或化合物不可能具有的性质是(　　)。

A. HAt 很稳定　　B. 单质易溶于有机溶剂

C. AgAt 难溶于水　　D. 单质是有色固体(通常状况下)

2. 往某溶液中加入 $AgNO_3$ 溶液,出现了淡黄色沉淀,加入稀硝酸沉淀不溶解,则该溶液中可能存在(　　)。

A. 氯离子　　B. 溴离子　　C. 碘离子　　D. 氟离子

3. 下列有关卤素的说法,没有科学性错误的是(　　)。

A. “白雪牌”漂白精可令所有有色物质黯然失“色”,没有最白,只有更白

B. 液态氯化氢是 100%的盐酸,其氢离子浓度极大

C. 氯元素有毒,禁入口中

D. 在实验室里,我们需要用棕色瓶保存液溴

4. 有两种卤素单质共 1mol,跟氢气在一定条件下完全反应,生成的卤化氢的平均分子量为 36.5,请通过计算,说明这两种卤素单质可能是什么。

5. 在生活中，我们会食用含碘盐或无碘盐。请通过查阅资料，说明两者的区别以及从健康的角度，应该如何选择这两种盐。

【任务评价】

见附录1。

【思政微课堂】

吴蕴初：化学报国的味精先驱与盐酸情缘

20世纪20年代，中国味精市场被日本“味之素”垄断，价格昂贵。化学家吴蕴初心怀报国之志，决心打破这一局面。他深知，味精的主要成分谷氨酸钠可以通过盐酸水解面筋制取，而盐酸正是他熟悉的化工原料。

在简陋的实验室里，吴蕴初反复试验，利用盐酸水解工艺优化味精提取技术。资金短缺时，他变卖家产；设备不足时，他亲手改造。经过数百次失败，终于成功研制出国产味精，并命名为“佛手牌”，寓意“佛祖之手”护佑中华。

1923年，天厨味精厂成立，产品物美价廉，迅速打破日货垄断。吴蕴初不仅开创了中国调味品工业，更将利润用于支持抗战、兴办教育。他说：“化学家应当用所学为国家解困，这才是真正的学问。”

这个故事告诉我们：科学报国不是空谈，需要像吴蕴初那样，将专业知识与国家需求紧密结合，在攻克“卡脖子”技术中实现人生价值。盐酸与味精的化学反应，映照的正是中国知识分子“工业救国”的赤子之心。

项目2.3　电池工业

项目背景

在全球变暖、气候变化加剧等问题的背景下，绿色环保能源的开发逐渐受到广泛关注和重视。在电池行业，新型电池技术不断发展，各种类型的电池不断涌现。锂离子电池是现代充电电池的代表，由于其高能量密度、无记忆效应等优点得到广泛的应用；固态电池是一种使用固态电解质代替液态电解质的电池，比传统的电池具有更高的能量密度、更快的充电速度、更高的安全性；太阳能电池可通过光电效应或光化学反应将太阳能转化为电能，具有环保、可再生、长期成本低等优点；核能电池是一种利用核反应产生电能的装置，其优点在于能量密度高、寿命长等。本项目将从氧化还原反应入手，探究电化学反应的本质，从微观电子得失的角度了解原电池的工作原理。

目标预览

1. 理解氧化反应、还原反应和氧化还原反应等基本概念，能从微观电子转移角度分析氧化还原反应过程。

2. 掌握氧化剂、还原剂的概念，能通过化学反应中电子转移方向和元素化合价升降判断氧化剂、还原剂、氧化产物和还原产物。

3. 理解原电池的工作原理，能利用电化学知识搭建简单的燃料电池。

项目导学

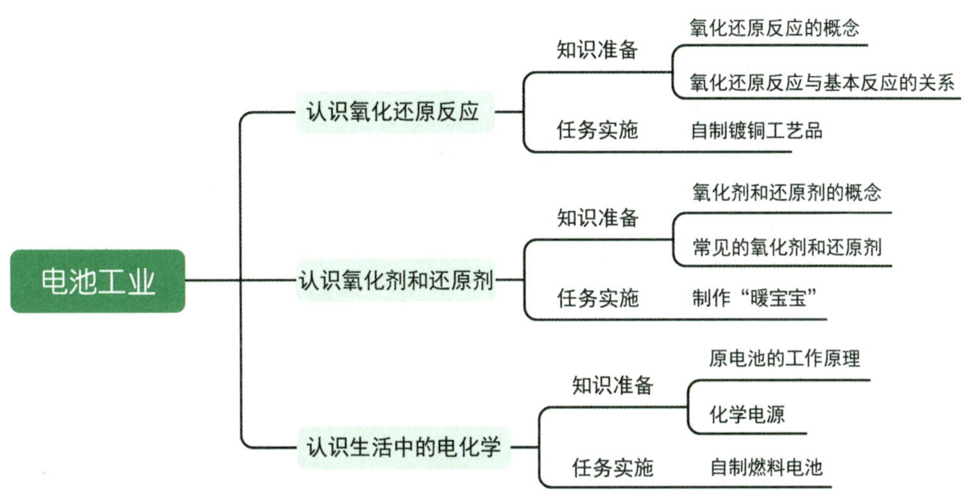

任务 2.3.1 认识氧化还原反应

【任务描述】

氧化还原反应是化学反应中的一种重要类型，也是自然界中很多化学现象的基础。在本次任务中，我们将学习氧化还原反应的基本概念和基本规律，学会运用化合价和电子转移的观点分析氧化还原反应。通过金属电镀工艺的任务，培养实验操作能力、观察能力和探究精神，掌握研究物质变化的一般方法，提高自身发现问题和解决问题的能力。

【知识准备】

知识点 1 氧化还原反应的概念

在初中我们已经学习了水煤气的制取反应，即水蒸气通过炽热的焦炭生成的气体，其主要成分是一氧化碳和氢气：

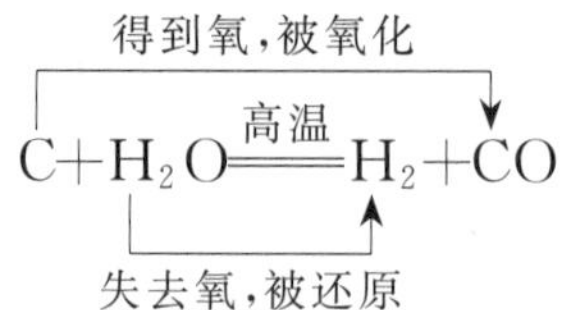

反应中，水失去氧变成了氢气，发生了还原反应；焦炭得到了水中的氧变成了一氧化碳，发生了氧化反应。这两个反应是同时发生的。像焦炭与水的反应，就称为氧化还原反应。从得氧、失氧角度来分析氧化还原反应有其局限性，因为只能分析有氧参加的反应。

从化合价的变化分析上述反应：在该反应中，水发生了还原反应，氢元素的化合价从+1 价降低到 0 价；焦炭发生了氧化反应，碳元素的化合价从 0 价升高到+2 价。

化合价升高，被氧化

$$C+H_2O \xlongequal{高温} H_2+CO$$

化合价降低，被还原

金属钠在氯气中燃烧，反应方程式为：

$$2Na+Cl_2 \xlongequal{\triangle} 2NaCl$$

反应中，钠原子失去电子，钠元素的化合价从 0 价升高到+1 价，发生了氧化反应(被氧化)；氯原子得到电子，氯元素的化合价从 0 价降低到−1 价，发生了还原反应(被还原)。图 2-21 为氯化钠分子形成示意图。反应中虽然没有得氧和失氧的过程，但其本质与焦炭和水的反应是相同的，参加反应的物质中某些元素的化合价发生了改变，因此属于氧化还原反应。

又如，氢气与氯气的反应：

$$H_2+Cl_2 \xlongequal{光/点燃} 2HCl$$

该反应属于非金属与非金属的反应。反应中，氢原子最外层有 1 个电子，氯原子最外层有 7 个电子，由于它们获得电子的难易程度相差不大，所以都不能把对方的电子夺取过来，只能各提供最外层的 1 个电子形成一个共用电子对，使双方都达到稳定结构。图 2-22 为氯化氢分子形成示意图。由于氯原子吸引共用电子对的能力比氢原子要强一些，所以在氯化氢分子中，共用电子对偏向于氯原子而偏离于氢原子。因此，氢元素的化合价从 0 价升高到+1 价，发生了氧化反应；氯元素的化合价从 0 价降低到−1 价，发生了还原反应。

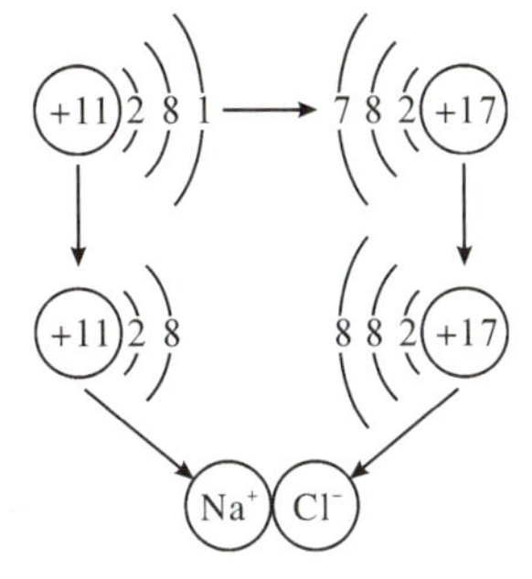

图 2-21 氯化钠分子的形成

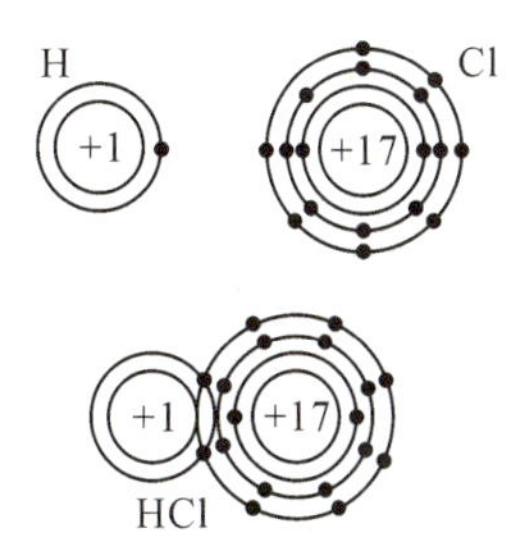

图 2-22 氯化氢分子的形成

通过以上分析可以得出，元素化合价升高（表现为失去电子或共用电子对偏离）的反应称为**氧化反应**，元素化合价降低（表现为得到电子或共用电子对偏向）的反应称为**还原反应**。因此，我们把有电子得失或共用电子对偏移的反应称为**氧化还原反应**。在氧化还原反应中，得电子总数等于失电子总数（或者说，化合价降低总数等于化合价升高总数）。

> 元素化合价升高↔原子或离子失电子↔发生氧化反应
>
> 元素化合价降低↔原子或离子得电子↔发生还原反应

常用“双线桥”表示氧化还原反应中元素化合价升降和电子转移的情况，例如：

化合价升高，失去 $2e^-$，氧化反应

$$2\overset{0}{Na} + \overset{0}{Cl_2} \xlongequal{\text{点燃}} 2\overset{+1}{Na}\overset{-1}{Cl}$$

化合价降低，得到 $2e^-$，还原反应

【做一做】 铁和硫酸铜溶液反应

将打磨干净的铁钉或铁丝浸入硫酸铜溶液中（见图 2-23），观察并记录实验现象。

图 2-23 铁和硫酸铜溶液的反应

实验视频 2-11：铁和硫酸铜的反应

实验现象：________________________________

结论或解释：______________________________

铁表面有红色物质生成，溶液由蓝色变成浅绿色。在反应过程中，铜离子被还原为铜单质，铁被氧化为亚铁离子。

知识点 2 氧化还原反应与基本反应的关系

化合反应、分解反应、置换反应、复分解反应这四种基本类型的反应与氧化还原反应的关系如图 2-24 所示。

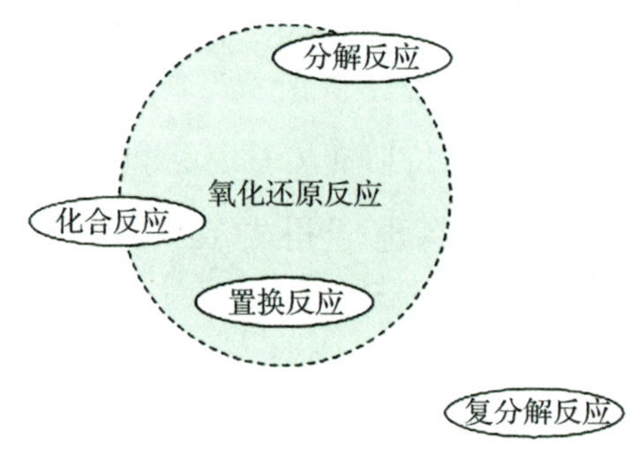

图 2-24 四种基本类型的反应与氧化还原反应的关系

【任务实施】

自制镀铜工艺品

电镀是一种电化学过程，也是一种氧化还原过程，它是一种利用电解原理使金属或合金沉积在工件表面，以形成均匀、致密、结合力良好的金属层的过程。工业电镀工艺的基本流程通常包括：磨光、抛光、上挂、脱脂除油、水洗、酸洗活化、电镀、水洗、干燥、下挂、检验包装等步骤。

请同学们了解工业电镀铜、锌、锡等金属镀层，简化工艺，利用实验室现有实验药品和仪器，以小组为单位设计电镀过程并制作一个镀件。

第一步：查阅

(1)了解电镀的基本原理。

(2)查阅工业电镀的目的。

(3)了解镀铜(或锌、锡)的方法、工艺流程和具体步骤。

第二步：决策

(1)选择一种金属电镀工艺。

(2)选择镀件和电镀液。

(3)准备所需的仪器和试剂。

我们的决策

选择的镀件和电镀工艺：

选择的仪器和试剂：

电镀步骤：

第三步：实施（以电镀铜为例）

1. 配制电镀液

用天平分别称取 $CuSO_4$ 40g、$Na_4P_2O_7$ 150g、Na_2HPO_4 25g、NH_4NO_3 12g、肉桂酸 3g 溶解在装有 1L 水的烧杯中。

2. 镀件的预处理

(1)用细砂纸打磨镀件，使镀件的表面变得光滑，用水洗净。

(2)把镀件放入 50℃、10%碳酸钠溶液中浸泡 5 分钟，除去油污，用水洗净。

(3)把镀件放入 3mol·L^{-1}盐酸中浸泡 2 分钟除锈，取出洗净。

(4)将镀件放入 1∶100 的稀硝酸中浸泡 3～5 秒，取出洗净。

(5)称取镀件的质量，记为 m_1g。

3. 电镀

用 50mL 烧杯作电解槽，将电解液倒入电解槽中，以铜片为阳极、镀件为阴极（见图 2-25），接通直流稳压电源，将盛电镀液的烧杯置于水浴锅中，在 25℃、电压 2～3V 的条件下，电镀 10～15 分钟。结束后观测镀件表面的变化，称取镀件的质量，记为 m_2g。观察实验现象，计算镀层的质量。

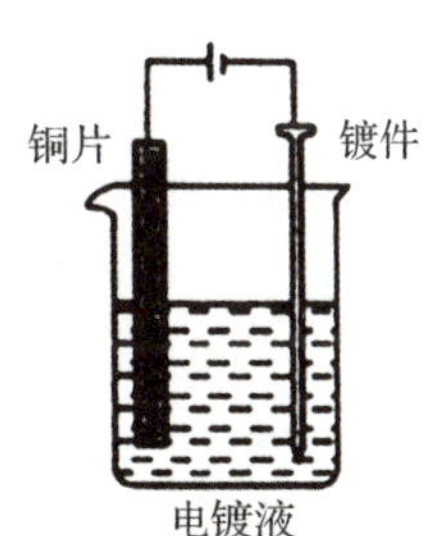

图 2-25 电镀铜实验装置

实验现象	结论或解释
镀件表面由________色变为________色，镀件的质量由________g 变为________g	

第四步:反思与改进

______

______

【思考与练习】

1. 下列变化过程属于还原反应的是(　　)。

A. $HCl \rightarrow MgCl_2$　　B. $Na \rightarrow Na^+$　　C. $CO \rightarrow CO_2$　　D. $Fe^{3+} \rightarrow Fe$

2. 下列反应中属于氧化还原反应的是(　　)。

①$2KMnO_4 \xlongequal{\triangle} K_2MnO_4 + MnO_2 + O_2\uparrow$

②$H_2SO_4 + BaCl_2 \xlongequal{} BaSO_4\downarrow + 2HCl$

③$Zn + 2HCl \xlongequal{} ZnCl_2 + H_2\uparrow$

④$CaCO_3 \xlongequal{\triangle} CaO + CO_2\uparrow$

A. ①②　　B. ②④　　C. ①③　　D. ③④

3. 下列生活应用中,涉及氧化还原反应的是(　　)。

A. 用食醋去除水垢

B. 用热的纯碱溶液清洗油污

C. 用风油精(含液体石蜡)清洗透明胶残胶

D. 补铁剂(有效成分为 Fe^{2+})与维生素 C 共服效果更佳

4. 二氧化锰与过量浓盐酸反应可制取氯气:$MnO_2 + 4HCl(浓) \xlongequal{\triangle} MnCl_2 + 2H_2O + Cl_2\uparrow$。现用浓盐酸与二氧化锰反应,制得的氯气在标况时的体积为 11.2L。

(1)计算参加反应的二氧化锰的质量;

(2)计算被氧化的 HCl 的物质的量;

(3)标出电子转移方向和数目,求出转移电子的物质的量。

5. 举例生活中还有哪些实例或现象涉及氧化还原反应的知识,与班级同学讨论分享。

【任务评价】

见附录 1。

任务2.3.2 认识氧化剂和还原剂

【任务描述】

在上一节的学习中，我们了解了氧化还原反应的基本特征，那么在氧化还原反应中，各种物质分别发生了哪些变化，它们有怎样的规律呢？在本节内容中，我们将学习氧化剂和还原剂的定义和特性，了解常见的氧化剂和还原剂，根据反应方程式判断氧化剂和还原剂，通过自制“暖宝宝”任务了解氧化还原反应的意义和应用，培养实验探究能力以及辩证思维。

【知识准备】

知识点1 氧化剂和还原剂的概念

在氧化还原反应中，凡是得到电子（或共用电子对偏向）、化合价降低的物质是**氧化剂**；失去电子（或共用电子对偏离）、化合价升高的物质是**还原剂**。

如在钠与氯气的反应中，钠失电子，化合价升高，钠是还原剂，具有还原性；氯得电子，化合价降低，氯气是氧化剂，具有氧化性：

$$2\overset{0}{Na}+\overset{0}{Cl_2}\xlongequal{\triangle}2\overset{+1}{Na}\overset{-1}{Cl}$$

在浓硫酸和碳的反应中，碳是还原剂，而浓硫酸是氧化剂：

$$\overset{0}{C}+2H_2\overset{+6}{S}O_4(浓)\xlongequal{\triangle}\overset{+4}{C}O_2\uparrow+2\overset{+4}{S}O_2\uparrow+2H_2O$$

发生氧化还原反应后生成的物质，称为氧化产物和还原产物。

氧化剂和还原剂为同一种物质的氧化还原反应称为自身氧化还原反应，如：

$$2KMnO_4\xlongequal{\triangle}K_2MnO_4+MnO_2+O_2\uparrow$$

$$2H_2O\xlongequal{通电}2H_2\uparrow+O_2\uparrow$$

反应中，$KMnO_4$ 和 H_2O 既是氧化剂又是还原剂。

知识点2 常见的氧化剂和还原剂

常见的氧化剂有活泼的非金属（如卤素）、Na_2O_2、H_2O_2、$HClO$、$KClO_3$、HNO_3、

$KMnO_4$、浓 H_2SO_4、$K_2Cr_2O_7$ 等，它们在化学反应中都比较容易得到电子（或发生电子偏向），所以具有氧化性。常见的还原剂有活泼的金属（如 K、Ca、Na、Mg）及 C、H_2、CO、H_2S 等，它们在化学反应中都比较容易失去电子（或发生电子偏离），所以具有还原性。

氧化还原反应广泛应用于化学、环境等领域。在化学领域，氧化还原反应是许多合成反应和电化学反应的基础，如电镀、金属防腐等。在环境领域，氧化还原反应可以用于处理废水、废气和土壤中的污染物，但氧化还原反应的过程可能会产生有害的副产物或废弃物，对环境造成污染。

【任务实施】

自制“暖宝宝”

“暖宝宝”是一种可供取暖的工具，它可以驱寒保暖，促进人体微循环，对腰、肩、胃、腿及关节等疼痛均有缓解作用，亦可在冬季户外活动时，防止肌肉因过冷而紧张、防止手部冻伤、预防感冒等生理病痛。“暖宝宝”的制作方法有红豆/大米法、食醋+小苏打法、铁粉活性炭法等。请同学们了解“暖宝宝”的内部构造及材料，利用实验室已有实验用品，尝试制作“暖宝宝”。

第一步：查阅

（1）了解“暖宝宝”的内部材料。

（2）了解“暖宝宝”所运用到的物理、化学知识以及作用原理。

第二步：决策

（1）选择“暖宝宝”的制作方法。

（2）选择必要的仪器和试剂。

我们的决策

选择的制作方法：

所需的仪器和试剂：

“暖宝宝”制作步骤：

第三步：实施（以铁粉活性炭法制作“暖宝宝”为例）

(1)准备一块无纺布(或厚棉布)和一个自封袋。

(2)先用无纺布(或厚棉布)缝制一个比自封袋略大的小布袋。注意：先缝三条边，留一条边最后缝合。

(3)用大头针在自封式塑料袋上扎几十个针眼(袋的两层同时扎穿)。

(4)称取 15g 小颗粒活性炭、40g 还原铁粉和 5g 细木屑，放入烧杯中。

(5)配置 15%氯化钠溶液，量取 15mL 倒入烧杯中，用玻璃棒搅拌均匀。

(6)把烧杯里的混合物全部加入到扎过孔的自封袋内，封上袋口；再把自封袋放入自制的布袋中，用线将袋口缝上。

(7)反复搓擦布袋 5～8 分钟，感受布袋的温度。

实验现象：____________________

____

结论或解释：____________________

____

第四步：反思与改进

____

____

【思考与练习】

1. 下列变化需要加入氧化剂的是(　　)。

A. $S^{2-} \rightarrow HS^-$　　B. $HCO_3^- \rightarrow CO_2$　　C. $2Cl^- \rightarrow Cl_2$　　D. $Cu^{2+} \rightarrow Cu$

2. 下列各反应中，水只作氧化剂的是(　　)。

A. $C+H_2O \xlongequal{高温} CO+H_2$　　B. $2H_2O \xlongequal{通电} 2H_2\uparrow+O_2\uparrow$

C. $Na_2O+H_2O \xlongequal{} 2NaOH$　　D. $CuO+H_2 \xlongequal{\triangle} Cu+H_2O$

3. 黑火药爆炸的反应方程式为 $S+2KNO_3+3C \xlongequal{} K_2S+3CO_2\uparrow+N_2\uparrow$，在该反应中，氧化剂是(　　)。

①C　②S　③K_2S　④KNO_3　⑤N_2

A. ①③⑤　　B. ②④　　C. ②④⑤　　D. ③④⑤

4. 已知一定条件下硫化氢与二氧化硫反应生成硫和水，反应方程式为

$$2H_2S+SO_2 \xlongequal{} 3S\downarrow+2H_2O$$

反应中若被氧化与被还原的硫的质量之和为 3.2 克，则参加反应的氧化剂质量为多少克？

5. 油画的白色颜料中含有 $PbSO_4$，久置后会变黑，如果用双氧水擦拭则可恢复原貌，试分析原因。

【任务评价】

见附录 1。

【思政微课堂】

从“污水毒”到“再生宝”：氧化还原反应的治污奇迹

广东东莞某电镀工业园区，曾因重金属废水直排导致周边河流鱼虾绝迹。2018 年，华南理工大学团队运用氧化还原反应原理，创新研发“分步沉淀-电解回收”技术：首先通过调节 pH 值使 Cr^{6+}（剧毒）被 Fe^{2+} 还原为 Cr^{3+}：

$$Cr_2O_7^{2-}+6Fe^{2+}+14H^+ \longrightarrow 2Cr^{3+}+6Fe^{3+}+7H_2O$$

再电解回收 Cu^{2+}：

$$Cu^{2+}+2e^- \longrightarrow Cu$$

该技术使废水中的重金属去除率达 99.9%，每年从万吨废水中提取铜、镍等金属超 200 吨，价值逾千万元。2022 年，该项目入选生态环境部“无废城市”典型案例，园区周边水域重现鱼群洄游景象。正如 Cr^{6+} 获得电子转化为低毒 Cr^{3+} 的过程，科技创新正以“电子转移”之力，将工业污染“还原”为生态财富。截至 2023 年，该技术已在全国 53 个工业园区应用，减少重金属排放约 380 吨，生动诠释了“人与自然和谐共生”的生态文明理念，更证明了化学知识在建设美丽中国中的关键作用。

任务 2.3.3 认识生活中的电化学

【任务描述】

通过前两节内容我们已经认识了氧化还原反应。原电池是一种发电装置，它可以将氧化还原反应过程中的化学能转化为电能，是多种电池的基本模型。在本节的学习中，我们将了解原电池的构成条件及其工作原理；学会判断原电池的正负极；能利用原电池的工作原理，完成简单燃料电池的制作；在实验过程中培养严谨求实的科学态度和精益求精的工匠精神。

【知识准备】

工业生产过程离不开电能，如电解熔融氧化铝制备金属铝，“氯碱工业”中需要电解饱和食盐水，以及电镀工艺等。由此，我们发现电能可以转化为化学能，那么化学能是否能转化为电能呢？原电池就是将化学能转化为电能的一种装置。

知识点 1 原电池的工作原理

【做一做】铜锌原电池(见图 2-26)

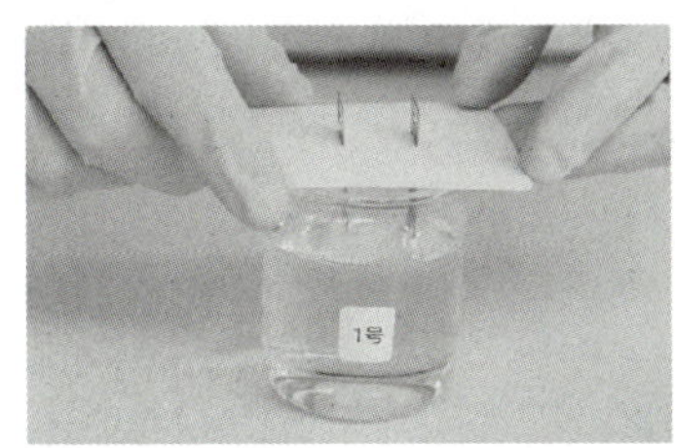

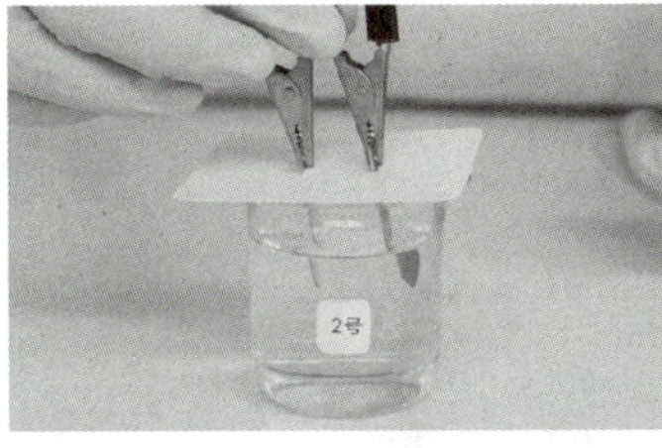

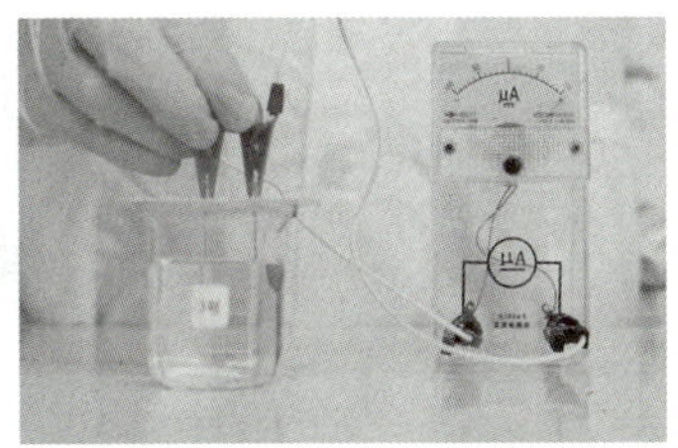

图 2-26 铜锌原电池实验

(1)取三只烧杯，编为 1 号、2 号、3 号，分别向烧杯中加入一定量的稀硫酸。

(2)将铜片、锌片分别固定在泡沫塑料板上(电极平行放置)，然后同时插入 1 号烧杯中，注意两者不能接触，观察现象并记录。

(3)将铜片、锌片用导线连接，分别固定在泡沫塑料板上(电极平行放置)，然后同时插入 2 号烧杯中，注意两者不能接触，观察现象并记录。

(4)将铜片、锌片用导线连接，中间连灵敏电流计(注意电流计接入的方向)，将泡沫塑料板固定好后(电极平行放置),将电极同时插入 3 号烧杯中,注意两者不能接触,观察铜片、锌片表面的现象,以及灵敏电流计指针的偏转方向。

可以发现在 1 号烧杯中,锌片的表面产生大量的气泡,铜片的表面无现象。2 号烧杯中用导线将铜片和锌片连接在一起后,锌片表面的气泡减少,铜片表面的气泡增多,而且锌片的溶解速率比 1 号烧杯中快。3 号烧杯中电流计的指针出现偏转,证明有电流产生。从电流计指针偏转方向可知,电流从铜片流向锌片,电子从锌片流向铜片。

在氧化还原反应中,失去电子的反应为氧化反应,得到电子的反应为还原反应。在如图 2-27 所示装置中,锌片上发生的是失电子的氧化反应,电极方程式为:

$$Zn - 2e^- = Zn^{2+}$$

铜片上发生的是得电子的还原反应,电极方程式为:

$$2H^+ + 2e^- = H_2\uparrow$$

将两个电极的反应相加得到:

$$Zn + 2H^+ = Zn^{2+} + H_2\uparrow$$

这种通过氧化还原反应把化学能转化为电能的装置称为**原电池**。一个原电池由两个半电池组成。组成半电池的导体叫电极,即正极和负极。原电池的负极发生氧化反应,正极发生还原反应。在原电池中,电子从负极经导线流向正极。原电池也称为化学电源。从理论上讲,任何能自发进行的氧化还原反应都可设计成原电池。

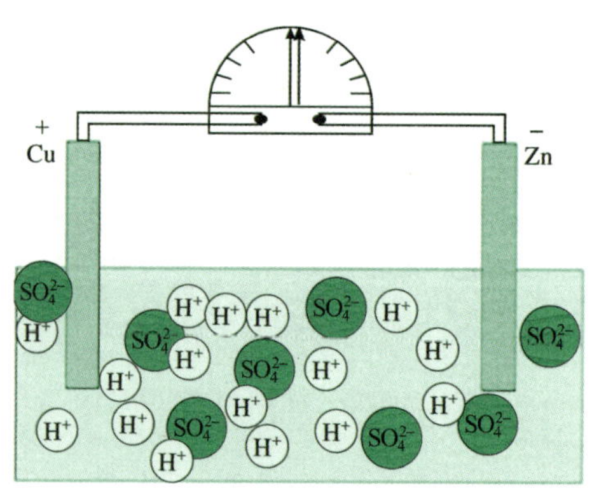

图 2-27 铜锌原电池反应原理

实验视频 2-12:铜锌原电池

知识点 2 化学电源

化学电源是一种能将化学能直接转变成电能的装置,它通过化学反应,消耗某种化学物质,输出电能。它包括一次电池、二次电池和燃料电池等几大类。生活中常见的电池包括锂电池、干电池、锌银电池、铅蓄电池等，其优点包括易携带、容量大、温度适应范围宽、使用安全、储存期长、维护方便等，因而被广泛运用于生活、科技、国防、工业等领域。使用后的废弃电池中可能含有汞、镉、铬、铅等大量的重金属和酸碱等有害物质，随处丢弃会给土壤、水源等造成严重的污染，因此废弃电池要进行回收利用。

一、一次电池

一次电池又称为干电池，只能使用一次，是一种不能充电复原继续使用的电池。下面以锌银电池为例进行工作原理的说明（见图 2-28）。

负极是 Zn，正极是 Ag_2O，电解质溶液是 KOH 溶液，电极发生以下反应。

负极：$Zn + 2OH^- - 2e^- \xlongequal{} Zn(OH)_2$

正极：$Ag_2O + H_2O + 2e^- \xlongequal{} 2Ag + 2OH^-$

总反应：$Zn + Ag_2O + H_2O \xlongequal{} Zn(OH)_2 + 2Ag$

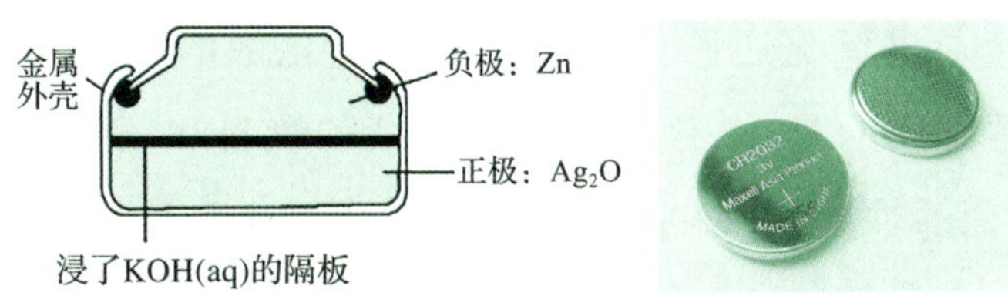

图 2-28　锌银纽扣电池

此种电池电压稳定，储存时间长，适宜小电流连续放电，应用于家庭生活、通信、医疗、军事、应急照明等领域。

二、二次电池

二次电池又称为充电电池或蓄电池，是指在电池放电后可通过充电的方式使活性物质激活而继续使用的电池（见图 2-29）。下面以铅蓄电池为例进行工作原理的说明。

总反应：

$$Pb(s) + PbO_2(s) + 4H^+(aq) + 2SO_4^{2-}(aq) \longrightarrow 2PbSO_4(s) + 2H_2O(l)$$

放电时，其负极是 Pb，正极是 PbO_2，电解质溶液是 H_2SO_4 溶液，电极发生以下反应：

负极：$Pb(s) + SO_4^{2-}(aq) - 2e^- \xlongequal{} PbSO_4(s)$

正极：$PbO_2(s) + 4H^+(aq) + SO_4^{2-}(aq) + 2e^- \xlongequal{} PbSO_4(s) + 2H_2O(l)$

充电时的过程与放电时相反。

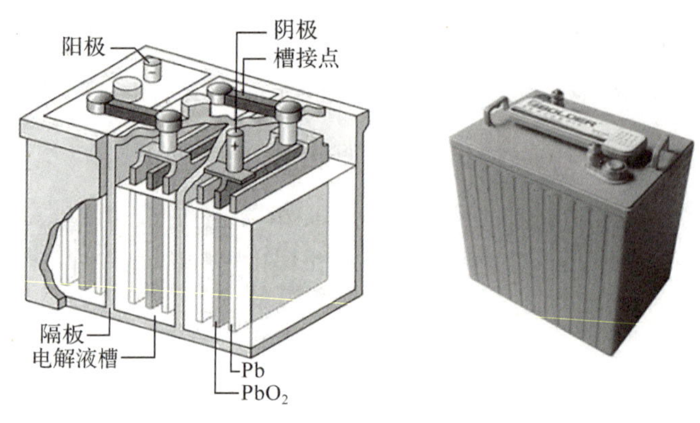

图 2-29 铅蓄电池

以铅及其合金、硫酸为主要原料的蓄电池(铅蓄电池),距今已有近160年的历史,具有安全性高、价格低廉及可再生利用等突出优点,被广泛应用于交通运输(汽车、火车等)、电信电力(通信、电力输送等)等方面。

三、燃料电池

燃料电池是指通过氧化还原反应将燃料和氧化剂的化学能转换为电能的装置。与大多数电池不同的是,燃料电池需要连续的燃料和氧气源(通常来自空气)来维持化学反应,而活性物质在电池内部,因此只要有燃料和氧气供应,燃料电池就能连续发电。

燃料电池有很多种类型,它们一般都由阳极、阴极和电解质组成,电解质允许 H^+ 在燃料电池的两侧之间移动。在阳极,燃料发生氧化反应,产生 H^+ 和电子。H^+ 通过电解质从阳极移动到阴极。同时,电子通过外部电路从阳极流向阴极,产生直流电。在阴极,H^+、电子和氧气反应,形成水和其他的可能产物。下面我们以最常见的氢氧燃料电池为例进行分析。

电极材料为 Pt 电极,电解质溶液为酸性(H^+)溶液,见图 2-30,电极发生以下反应:

负极: $H_2-2e^-=\!=\!=2H^+$

正极: $\frac{1}{2}O_2+2H^++2e^-=\!=\!=H_2O$

总反应: $H_2+\frac{1}{2}O_2=\!=\!=H_2O$

燃料电池除了产生水,极少会产生其他排放物,因此燃料电池又称为“环境友好”电池。

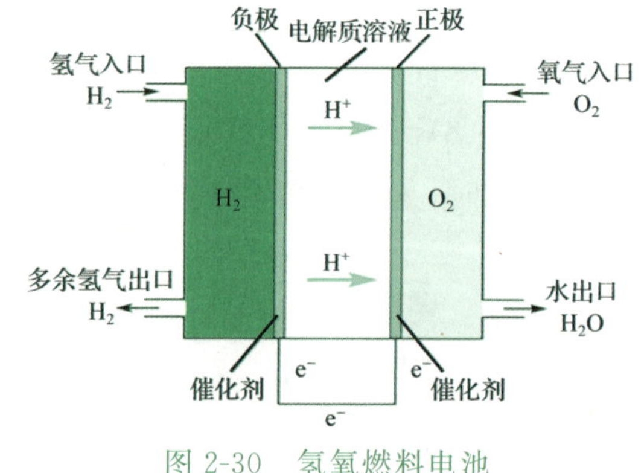

图 2-30 氢氧燃料电池

【任务实施】

自制燃料电池

燃料电池是一种把燃料所具有的化学能直接转换成电能的化学装置，又称电化学发电器。除上面我们学过的氢氧燃料电池外，甲烷、甲醇、肼（N_2H_4）等都可以作为燃料电池的燃料。燃料电池的能量转换效率远高于普通燃料燃烧时的能量转换效率，应用燃料电池的发电站，具有能量转换效率高、废弃物排放少、运行噪声小等优点。因此，燃料电池具有广阔的发展前景。请同学们利用实验室已有的仪器、试剂，尝试制作简单的燃料电池。

第一步：查阅

（1）了解燃料电池的内部构造及组成部分。

（2）了解燃料电池的作用原理。

第二步：决策

（1）选择燃料电池的种类。

（2）选择所需的仪器和试剂。

我们的决策

选择的燃料电池种类：

所需的仪器和试剂：

实施步骤：

第三步：实施（以制作氢氧燃料电池为例）

（1）如图 2-31 所示，将石墨棒和玻璃导管插入橡胶塞中，注意调节石墨棒和玻璃导管伸入 U 形管内的长度。

（2）将橡胶塞塞入 U 形管管口，检查装置气密性，标记橡胶塞底部到达的位置。

（3）取出橡胶塞，往 U 形管中注入适量 6mol · L^{-1} 稀硫酸，以接近橡胶塞底部刚才所标记的位置为宜。

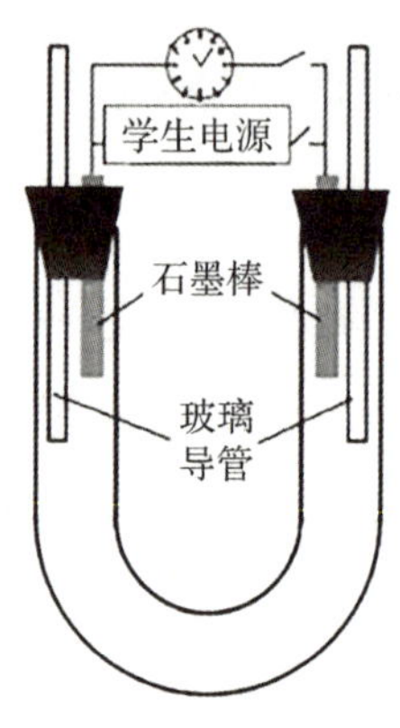

图 2-31　制作氢氧燃料电池的装置

(4)塞紧橡胶塞,接通学生电源,注意观察实验现象,当一端玻璃导管内的液柱接近溢出时,切断学生电源。

(5)取出石英钟内的干电池,将导线与石英钟的正、负极相连,观察石英钟指针。

结合实验现象,思考以下问题:

(1)连接石英钟时,如何判断燃料电池的正、负极?请说明理由。

(2)什么现象可以证明处于不同电极的氢气和氧气发生了反应?

第四步:反思与改进

【思考与练习】

1. 下列装置不能形成原电池的是(　　)。

A.
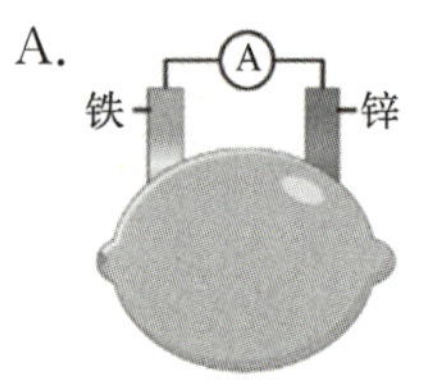

B.
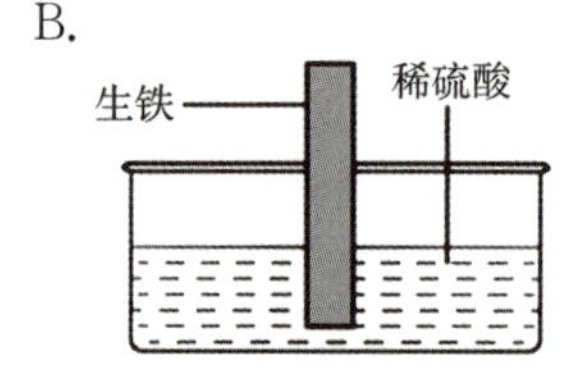

C.
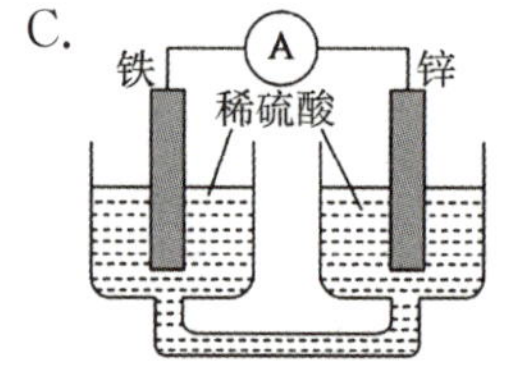

D.
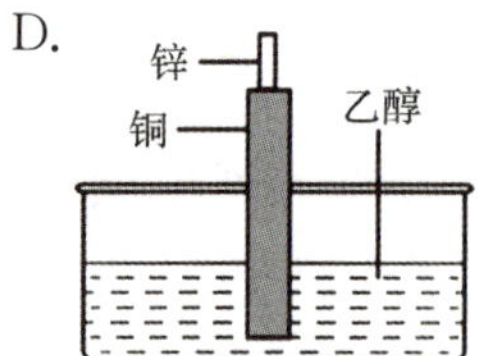

2. 下列有关原电池的说法中正确的是(　　)。

A. 在内电路中,电子由正极流向负极

B. 在原电池中,相对较活泼的金属作负极,不活泼的金属作正极

C. 原电池工作时,正极表面一定有气泡产生

D. 原电池工作时,可能会伴随着热能变化

3. 如下图所示是一位同学在测试水果电池,下列有关说法错误的是(　　)。

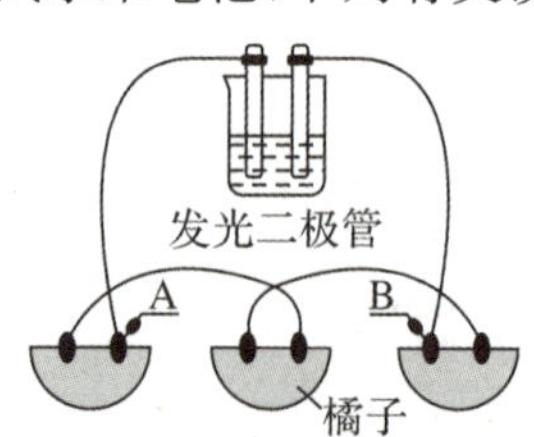

A. 若金属片 A 是正极,则该金属片上会产生 H_2

B. 水果电池的化学能转化为电能

C. 此水果发电的原理是电磁感应

D. 金属片 A、B 可以一个是铜片,另一个是铁片

4. 氢氧燃料电池是以氢气作燃料、氧气作氧化剂的一类燃料电池，已知 H_2 反应了2.24升(标况)。问：消耗氧气的体积是多少升(标况下)？生成水的质量又是多少？流过正极的电子数是多少摩尔？流过负极的电子有多少个？

5. 了解目前纯电动车中使用的电池，并讨论交流其工作原理。

【任务评价】

见附录1。

【思政微课堂】

高级氧化还原技术助力“双碳”目标

高级氧化还原技术是指通过氧化还原反应来分解有机物和无机物的一种化学技术。氧化还原反应是指在化学反应中，有机物和无机物受到氧化和还原作用后形成新化合物的反应。高级氧化还原技术常常需要加入化学氧化剂，如过硫酸盐、氧气等。其中，紫外辐射法、臭氧法、过氧化氢法等是目前比较成熟的技术。

目前，高级氧化还原技术正不断发展创新。近年来，光催化技术作为一种高级氧化还原技术，在环境领域得到广泛应用。光催化技术能够利用太阳光等光源，在特定条件下使光催化剂发生光催化反应，从而分解有机物和无机物。在实际应用中，光催化技术还能够提高处理速度和降低处理成本，因此在环境治理过程中得到越来越广泛的应用。

目前，光催化还原二氧化碳已成为“双碳”背景下的重要议题，在未来，该技术将在不断发展创新中发挥更为重要的作用，助力环境保护工作的开展。

模块小结

一、从侯氏制碱到钠产业

(一)认识碳酸钠和碳酸氢钠

碳酸钠和碳酸氢钠都是白色固体,都易溶于水,在水中的溶解度碳酸氢钠比碳酸钠略小。两者都能与盐酸反应,固体碳酸氢钠受热易分解。

(二)认识金属钠

1. 钠的性质

金属钠是银白色的固体,质地柔软,熔点低,密度比水小,但比煤油大。

化学性质活泼,在常温下能与氧气反应生成氧化钠,在空气中燃烧生成过氧化钠,与水反应生成氢氧化钠和氢气。

2. 焰色反应

某些金属或它们的化合物在灼烧时都会使火焰呈现出特殊的颜色,其属于物理变化,属于元素的物理性质。

(三)认识氧化钠和过氧化钠

氧化钠是白色固体,具有碱性氧化物的性质。

过氧化钠是淡黄色固体,可以与水、二氧化碳反应,可用作漂白剂、供氧剂。

二、工业盐酸

(一)认识盐酸

氯化氢是无色具有刺激性气味的气体,有毒,极易溶于水,其水溶液就是盐酸。盐酸是无色、有刺激性气味的液体,容易挥发。

实验室可用氯化钠与浓硫酸共热制取氯化氢。

(二)认识氯气

氯气是具有强烈刺激性气味的黄绿色气体,密度比空气大,能溶于水,易溶于有机溶液,有毒。

氯气化学性质活泼,可与大多数金属以及 H_2、P 等非金属反应。实验室常用浓盐酸和二氧化锰共热制氯气。工业上可用电解饱和食盐水制取氯气。

氯气还能与水反应，得到新制氯水，其成分复杂。其中的 HClO 是一种弱酸，不稳定，并具有强氧化性。

氯气还能与碱反应，如与 $Ca(OH)_2$ 反应，制漂白粉。

(三)卤素单质的递变规律

1. 卤素单质的物理性质递变

从 F 到 I，颜色逐渐加深，熔沸点依次升高，在水中的溶解度依次减小，但都易溶于有机溶剂。

2. 卤素单质的化学性质递变

卤素单质(除 F_2 外)都能与水反应生成卤化氢与次卤酸。卤素单质都能与 H_2 反应，从 F 到 Cl，反应越来越难，所生成氢化物的稳定性越来越差。

按 F、Cl、Br、I 的顺序，排在前面的卤素单质能把后面的卤素从它们的卤化物中置换出来。

AgF 易溶于水。AgCl 为白色沉淀，AgBr 为淡黄色沉淀，AgI 为黄色沉淀。我们可以根据沉淀的颜色来检验 Cl^-、Br^-、I^-。

三、电池工业

(一)认识氧化还原反应

从得失电子的观点看，凡是有电子转移(即电子得失或共用电子对偏移)的反应，就是氧化还原反应。失去电子的反应为氧化反应，得到电子的反应为还原反应。氧化还原反应的本质是发生了电子的转移。而元素原子化合价的升高和降低是氧化还原反应的特征。

(二)认识氧化剂和还原剂

在氧化还原反应中，得到电子(或共用电子对偏向)的物质是氧化剂；失去电子(或共用电子对偏离)的物质是还原剂。

(三)认识生活中的电化学

1. 原电池的工作原理

将化学能转变为电能的装置叫作原电池。一个原电池由两个半电池组成。组成半电池的导体叫电极，即正极和负极。原电池的负极发生氧化反应，正极发生还原反应。原电池中电子流向是从负极经导线流向正极。

2. 化学电源

化学电源是一种能将化学能直接转变成电能的装置，它通过化学反应，消耗某种化学物质，输出电能。它包括一次电池、二次电池和燃料电池等几大类。

模块3　现代材料

在科技飞速发展的今天,创新与变革推陈出新。新型材料凭借其卓越的性能和环保特性,正逐渐改变着我们的生活和工作方式。

现代材料,它们是科技与自然完美结合的产物。这些新型材料不仅具备超越传统材料的性能,更在可持续性发展方面展现出巨大的潜力。从航空航天的轻盈与坚韧,到汽车工业的安全与节能,再到建筑设计的创新与美学,现代材料无处不在,它们正在重塑我们的世界。

在航空航天领域,现代材料如钛合金和碳纤维复合材料以其轻质、高强度和耐高温的特性,助力飞行器突破性能极限。在汽车工业中,高强度钢和铝镁合金的应用,不仅提升了汽车的安全性能,还为节能减排作出了贡献。而在建筑领域,新型水泥和高强度玻璃的出现,让建筑设计更加灵活多样,满足了人们对美好生活的追求。

不仅如此,现代材料在电子产品、医疗和能源等领域也展现出巨大的应用前景。柔性电子材料和超导材料让电子产品更加便携、高效;生物可降解材料和医用高分子材料为医疗领域带来了革命性的突破;而太阳能电池板和燃料电池则为能源领域注入了新的活力,助力我们迈向可持续发展的未来。

正是这些现代材料的广泛应用,为我们构建一个更加美好的世界提供了坚实的基础。它们不仅提升了我们的生活品质,还为解决全球性问题,如环境恶化、资源紧张等提供了新的思路。让我们一起探索现代材料的奥秘,感受它们带来的无限可能!

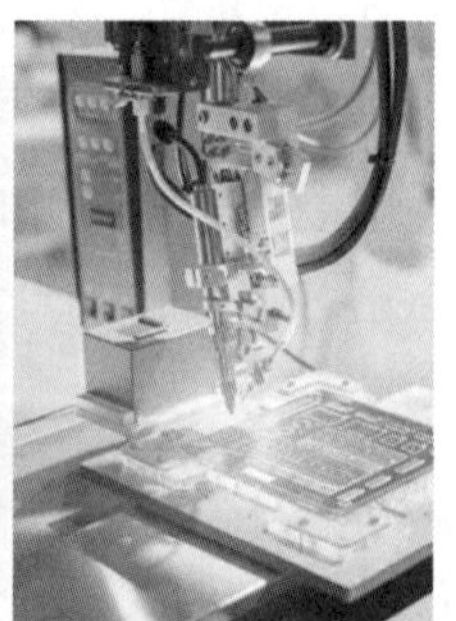

项目 3.1　金属材料与大国重器

项目背景

金属在人类的发展史上一直起着重要作用。人们熟悉的钢铁，促成了历史上传统农业向近代工业的转型，对人类社会的进步起过关键的推动作用，在今天仍然深刻地影响着人们的生产和生活方式。铝合金和其他具有特殊功能的新型金属材料也在生产、生活和科学研究领域发挥着越来越重要的作用。人们已经发现的金属元素有 90 余种，形成了丰富多样的金属材料。当下，储氢合金、形状记忆合金等新型合金正应用于航空航天、军事、科研等尖端科学领域，有力地推动了人类文明的进程。

目标预览

1. 掌握铁碳合金的重要性质，能设计实验检验铁元素。
2. 掌握铝及其重要化合物的性质，能准确描述物理性质，撰写化学反应方程式。
3. 了解常见新型合金材料，能查阅资料了解我国在金属材料领域的发展水平。

项目导学

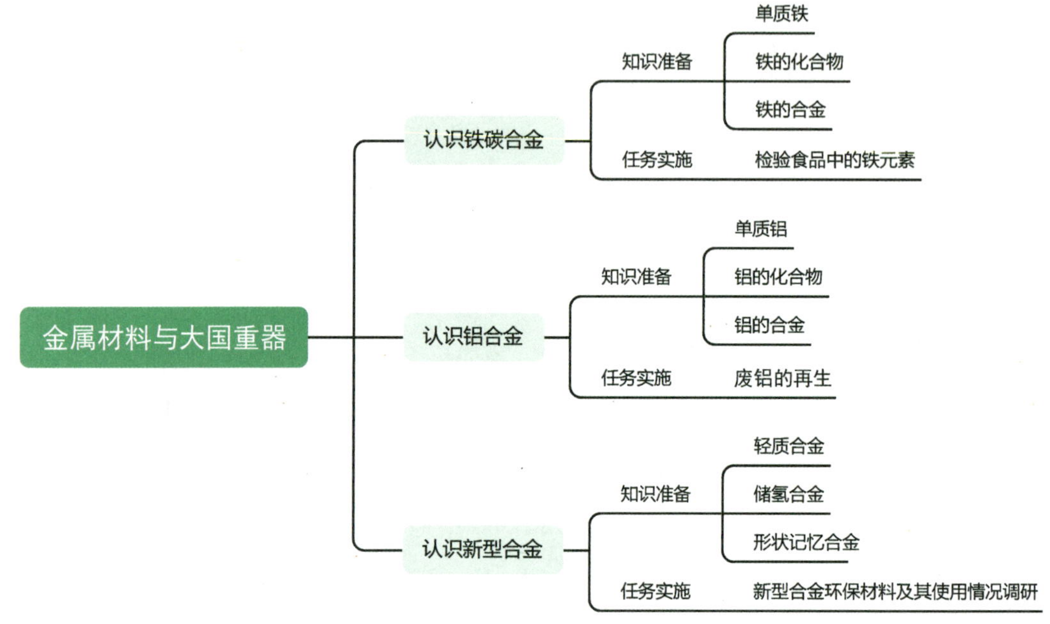

任务 3.1.1 认识铁碳合金

【任务描述】

我们已经知道人类在 4500 多年前就开始使用铁器，铁是目前产量最大、使用最广泛的金属，那么为何铁及其合金的使用如此广泛？在本任务中，我们将了解铁及其重要化合物之间的转化，通过学习工业上制作印刷电路板的原理，能够利用覆铜板制作所需要的图案，并能够通过化学方法进行铁元素的检验。

【知识准备】

知识点 1 单质铁

铁原子序数为 26，位于元素周期表第四周期第ⅧB 族。它的化合价有+2 价和+3 价，其中+3 价更为稳定。

一、铁的物理性质

纯净的铁是光亮的银白色金属，密度为 $7.86g \cdot cm^{-3}$，熔点 1538℃，沸点 2861℃（见图 3-1）。它具有良好的延展性、导电性和导热性。纯铁的抗腐蚀能力较强，但通常用的铁一般都含有碳和其他元素，因而使它的抗腐蚀能力减弱。铁能被磁铁吸引。在磁场作用下，铁自身也能产生磁性。

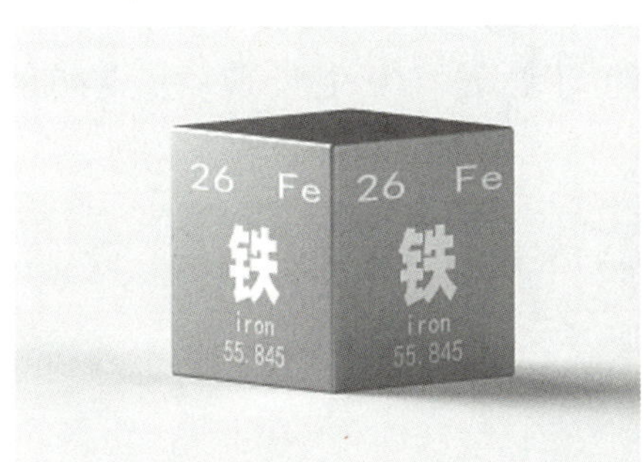

图 3-1 铁

二、铁的化学性质

铁是比较活泼的金属，但常温时，在干燥的空气中很稳定，几乎不与氧、硫、氯气发生反应，故工业上常用钢瓶储运干燥的氯气和氧气。加热时，铁能与它们发生反应（见图 3-2）。

$$Fe + S \xlongequal{\triangle} FeS$$

$$2Fe + 3Cl_2 \xlongequal{\triangle} 2FeCl_3$$

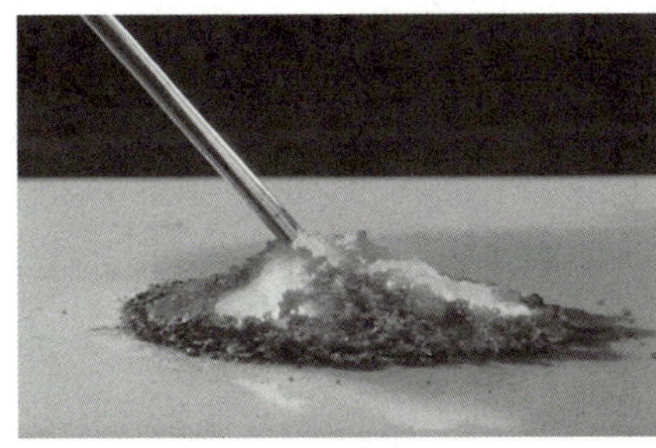

(a)铁和硫

(b)铁和氯气

图 3-2 铁和非金属反应

【思考】在钢铁厂的生产中，炽热的铁水或钢水注入模具之前，模具必须进行充分的干燥处理，不得留有水（见图 3-3）。这是为什么呢？

(a)钢铁入模前需要干燥

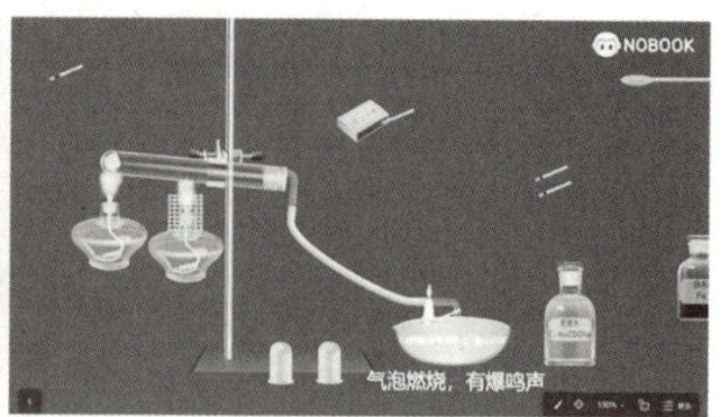

(b)高温下铁与水反应

图 3-3　铁与水反应

铁在常温下不与水反应，但红热的铁能与水蒸气发生反应，生成四氧化三铁和氢气：

$$3Fe+4H_2O(g)\xlongequal{高温}Fe_3O_4+4H_2$$

此外，铁还能与盐酸、稀硫酸和某些金属盐溶液发生置换反应。

知识点 2　铁的化合物

一、铁的氧化物

铁元素可以形成三种氧化物，分别是氧化亚铁（FeO）、氧化铁（Fe_2O_3）和四氧化三铁（Fe_3O_4）。FeO 是一种黑色粉末，不稳定，在空气中受热能迅速被氧化成 Fe_3O_4。Fe_3O_4 是一种复杂的化合物，是具有磁性的黑色晶体，俗称磁性氧化铁。Fe_2O_3 是一种红棕色粉末，俗称铁红，常用作油漆、涂料、油墨和橡胶的红色颜料（见图 3-4）。铁的氧化物都不溶于水，也不与水发生反应。FeO 和 Fe_2O_3 是碱性氧化物，它们都能与酸发生反应：

$$FeO+2H^+ \xlongequal{} Fe^{2+}+H_2O$$

$$Fe_2O_3+6H^+ \xlongequal{} 2Fe^{3+}+3H_2O$$

图 3-4　Fe_2O_3 做外墙涂料

二、铁的氢氧化物

铁有两种氢氧化物，它们可以分别由相对应的可溶性盐与碱溶液反应而制得。

【做一做】 $Fe(OH)_2$ 和 $Fe(OH)_3$ 的制取

如图 3-5 所示，在两支试管中分别加入少量的 $FeSO_4$ 溶液和 $FeCl_3$ 溶液，然后各滴入 NaOH 溶液，观察并描述发生的现象。

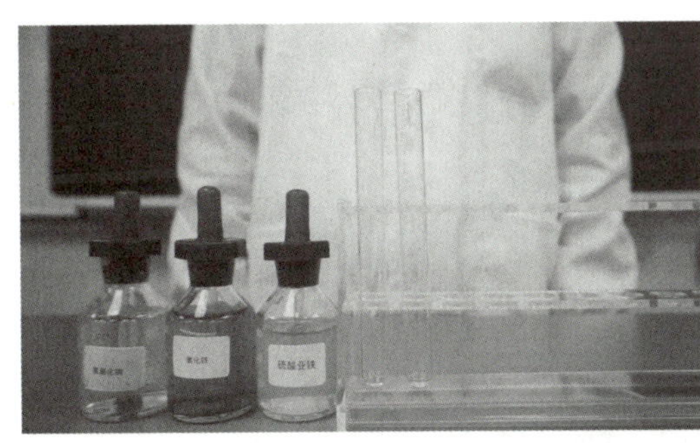
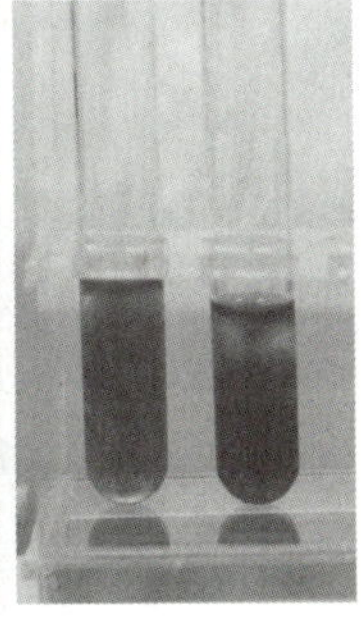

图 3-5　$Fe(OH)_2$ 和 $Fe(OH)_3$ 的制取

实验视频 3-1：$Fe(OH)_2$ 和 $Fe(OH)_3$ 的制取

$$FeSO_4+2NaOH = \underset{\text{白色絮状沉淀}}{Fe(OH)_2\downarrow}+Na_2SO_4$$

$$FeCl_3+3NaOH = \underset{\text{红褐色沉淀}}{Fe(OH)_3\downarrow}+3NaCl$$

【想一想】为什么在 $FeSO_4$ 溶液中加入 NaOH 溶液时，生成的白色絮状沉淀会迅速变成灰绿色，过一段时间后还会有红褐色物质生成呢？

这是因为白色的氢氧化亚铁被溶解在溶液中的氧气氧化成了红褐色的氢氧化铁：

$$4Fe(OH)_2+O_2+2H_2O = 4Fe(OH)_3$$

加热 $Fe(OH)_3$ 时，它能失去水生成红棕色的 Fe_2O_3 粉末：

$$2Fe(OH)_3 \overset{\triangle}{=} Fe_2O_3+3H_2O$$

$Fe(OH)_2$ 和 $Fe(OH)_3$ 都是不溶性碱，它们都能与酸发生反应：

$$Fe(OH)_2+2H^+ = Fe^{2+}+2H_2O$$

$$Fe(OH)_3+3H^+ = Fe^{3+}+3H_2O$$

三、铁盐和亚铁盐

常见的铁盐有 $Fe_2(SO_4)_3$、$FeCl_3$ 等，常见的亚铁盐有 $FeSO_4$、$FeCl_2$ 等。

【做一做】检验 Fe^{3+} 和 Fe^{2+}

如图 3-6 所示，在两支试管中分别加入少量的 $FeCl_3$ 溶液和 $FeCl_2$ 溶液，各滴入几滴 KSCN 溶液，观察并记录现象。

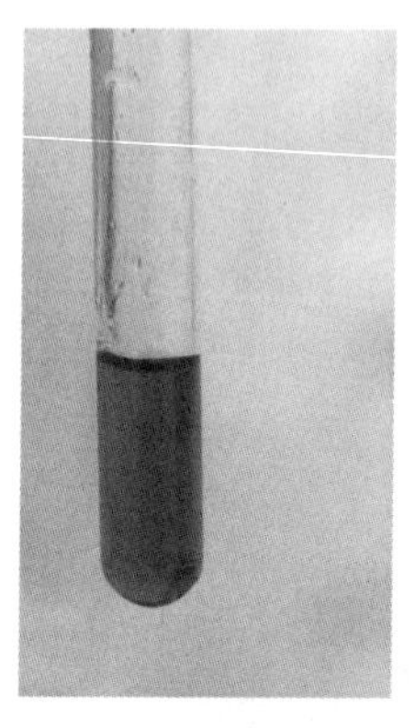

实验视频 3-2：检验 Fe^{3+} 和 Fe^{2+}

(a)向 $FeCl_3$ 溶液滴入 KSCN 溶液　　(b)向 $FeCl_2$ 溶液滴入 KSCN 溶液

图 3-6　检验 Fe^{3+} 和 Fe^{2+}

可以看到，含有 Fe^{3+} 的盐溶液遇到 KSCN 溶液时会变成红色，我们可以利用这一反应检验 Fe^{3+} 的存在。

【做一做】Fe^{3+} 和 Fe^{2+} 的转化

如图 3-7 所示，在盛有 2mL $FeCl_3$ 溶液的试管中加入过量铁粉，振荡试管。充分反应后，滴入几滴 KSCN 溶液，观察并记录现象。

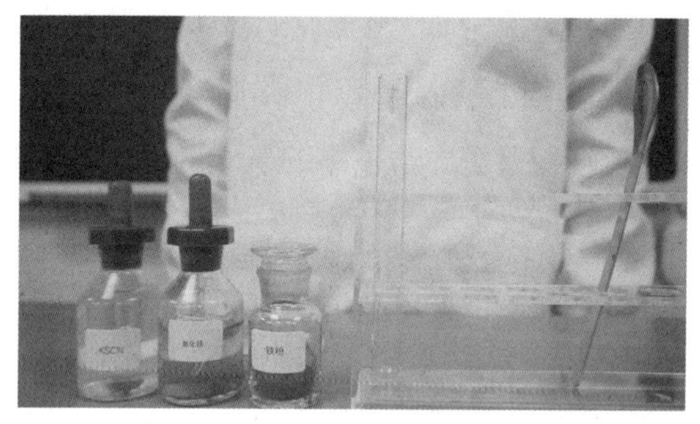

实验视频 3-3：Fe^{3+} 和 Fe^{2+} 的转化

图 3-7　Fe^{3+} 和 Fe^{2+} 的转化

在上述实验中，$FeCl_3$ 溶液中的 Fe^{3+} 被铁粉还原成 Fe^{2+}，铁盐遇到较强的还原剂会被还原成亚铁盐，亚铁盐在较强的氧化剂作用下会被氧化成铁盐，即 Fe^{3+} 和 Fe^{2+} 在一定条件下是可以相互转化的：

$$Fe^{3+} \underset{\text{氧化剂}}{\overset{\text{还原剂}}{\rightleftharpoons}} Fe^{2+}$$

知识点3 铁的合金

我们在工农业生产和日常生活中所接触到的铁器，一般都是由铁和碳的合金制成的。铁碳合金应用最广的是由生铁和钢组成的。它们的主要区别是含碳量不同。

含碳量在2%～4.3%的铁的合金叫作生铁。生铁中除含碳外，还含有Si、Mn以及少量的S、P等杂质。S元素会使铁的合金具有热脆性，P元素会使铁的合金具有冷脆性。根据生铁断口颜色的不同，生铁可分成白口铁和灰口铁两种（见图3-8）。

(a)白口铁

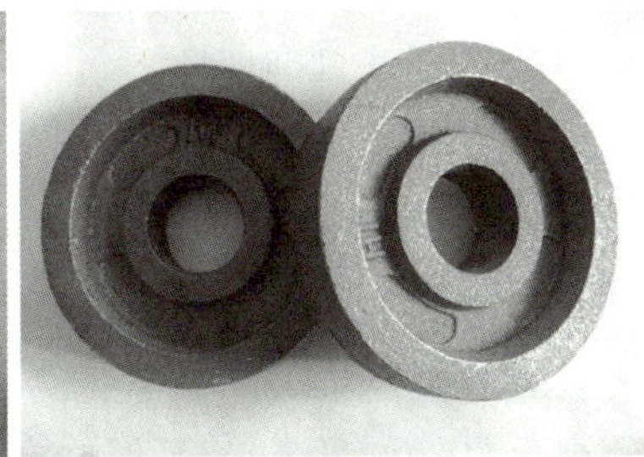

(b)灰口铁

图3-8 常见铁的合金

白口铁硬而脆，难以加工，只宜于作炼钢的原料，因此工业上又称之为炼钢生铁。灰口铁中所含的碳常以黑色片状石墨的形式存在，它质软，不能煅轧，易切割加工，熔化后易于流动，能很好地充满砂模，用于铸造铸件，又称为铸造生铁。

含碳量在0.03%～2%的铁的合金叫作钢。钢坚硬，有韧性、弹性，可以铸打，也可以铸造。按化学成分的不同，钢可分为碳素钢和合金钢两大类。碳素钢（简称碳钢）的主要成分是铁和碳。它的性能随含碳量而变化，含碳量越多，硬度越大，含碳量越少，韧性越好。工业上按照含碳量的不同，把碳钢分成低碳钢、中碳钢和高碳钢三种（见表3-1）。

表3-1 碳钢的分类和性能

种类	含碳量/%	性能	用途
低碳钢	不超过0.3	硬度小，塑性大，焊接性能好	菜刀、铁皮、铁丝、工业零件等
中碳钢	不超过0.6	韧性和硬度中等	工业上的齿轮、曲轴、铁轨、锅炉钢板等
高碳钢	0.6以上	硬度大，韧性小	医疗器械、弹簧、量具等

在碳钢中加入一种或几种合金元素，如 Si、Mn、Mo、W、V、Ni、Cr 等元素，可使钢的机械性能、物理性质和化学性质发生变化，因而可制成各种具有特殊性能的钢，叫作合金钢，又称特种钢(见表 3-2)。

表 3-2　常见的合金钢

种类	元素含量	性质	用途
硅钢	Si 1.0%～4.8%	强导磁性	变压器、发电机铁芯等
高硅铸铁	Si 15%	能抗酸腐蚀	盛硝酸和硫酸的蒸馏瓶、盛酸器、耐酸管子等
镍钢	Ni 3.5%	抗腐蚀、质坚而有弹性	海底电线等
铬钢	Cr 12%	硬而耐磨	模具、医疗器具和日常用具等
不锈钢	Cr 13%	不生锈、耐腐蚀性能强	化学工业用具、医疗器械，及日用刀、叉、匙等
高锰钢	Mn 13%	有抗击性和抗磨性	铁轨、车轴、齿轮碎石机等
钨钢	W 18%～22%	硬度大，在高温时仍保持硬度	高速切割工具等
钼钢	Mo 1%	坚硬、有弹性、耐高热	切割工具、坦克车的甲板和大炮炮身、飞机曲轴等

【任务实施】

检验食品中的铁元素

铁是人体必需的微量元素。食用富含铁元素的食品，可以补充人体所需的铁元素。菠菜、芹菜、黑木耳、蛋黄和动物内脏等食品中富含铁元素。通过化学实验的方法检验食品中的铁元素，体验实验研究的一般过程和化学知识在实际中的应用。请选择含铁元素食品进行研究。

第一步：查阅

通过互联网搜索相关资料，收集检验食品中是否含有铁元素的方法。整理并分析资料，为确定实验方案做准备。

第二步：决策

(1)根据资料确定铁元素检验的方法。

(2)选择必要的仪器和试剂。

我们的决策

选择的任务：

选择的试剂和仪器：

实施步骤：

第三步：实施（以“菠菜中铁元素的检验”为例）

1. 实验步骤

(1)取新鲜的菠菜10g，将菠菜剪碎后放在研钵中研磨，然后倒入烧杯中，加入30mL蒸馏水，搅拌。将上述浊液过滤，得到的滤液作为实验样品。

(2)取少许实验样品加入试管中，然后加入少量稀硝酸（稀硝酸具有氧化性），再滴加几滴KSCN溶液，振荡，观察现象。

2. 实验记录

____

____

3. 结果与讨论

(1)你研究的食品是什么？其中是否含有铁元素？

(2)撰写研究报告，并与同学讨论。

第四步：反思与改进

____

____

【思考与练习】

1. 下列物质中不能用金属和氯气反应制得的是（　　）。

A. $CuCl_2$　　B. $FeCl_2$　　C. $FeCl_3$　　D. $CaCl_2$

2. 常温下，向下列各溶液中分别投入5.6g铁片，溶液质量变化最小的是（　　）。

A. 浓 HNO_3　　B. HCl　　C. $CuSO_4$　　D. $AgNO_3$

3. 在炼钢结束时，通常要在钢水中加入锰铁等物质，其目的是(　　)。

A. 除去炉渣　　B. 除去 FeO　　C. 除去硫、磷　　D. 除去钢水中的氧气

4. 一定量的铁与稀盐酸反应，生成了标准状况下 4.48L 氢气，试问：

(1)发生反应的铁的物质的量为多少？

(2)若所用盐酸的浓度为 $0.5mol \cdot L^{-1}$，则至少需要多少体积的盐酸？

5. 查阅资料并解释为什么补铁剂与维生素 C 同服会促进其吸收？为什么补铁剂不能与浓茶同服？

【任务评价】

任务 3.1.2　认识铝合金

【任务描述】

我们知道铝是地壳中含量最多的金属元素，在我们的日常生活中，处处可见铝及其化合物的身影，如各类铝制品、铝包装材料、铝箔纸、作为食品添加剂的明矾、作为水处理剂的硫酸铝、抗酸药物等。那么，铝及其化合物有哪些特性，又有哪些用途？在本任务中，我们将了解铝及其化合物的性质，并尝试以废铝为原料制备氢氧化铝。

【知识准备】

知识点 1　单质铝

铝原子序数为 13，元素符号为 Al，位于元素周期表第三周期第ⅢA 族。

一、铝的物理性质

铝单质是银白色轻金属，有延展性，其商品形态包括棒状、片状、箔状、粉状、带

状和丝状等，相对密度 2.70，熔点 660℃，沸点 2327℃。铝元素在地壳中的含量仅次于氧和硅，居第三位，是地壳中含量最丰富的金属元素(见图 3-9)。

图 3-9 铝

二、铝的化学性质

(一)与氧气反应

根据金属活动性顺序表，铝比铁活泼，但铝为什么却不像铁那样容易被空气腐蚀？家中的铝锅能否经常用金属清洁球擦亮，为什么？

铝在空气中能表现出良好的抗腐蚀性，是因为它与空气中的氧气反应生成致密的氧化膜并牢固地覆盖在铝表面，阻止了内部的铝与空气接触，从而防止铝被进一步氧化。

常温： $4Al+3O_2 = 2Al_2O_3$ （使铝具有很好的抗腐蚀能力）

点燃： $4Al+3O_2 \xlongequal{点燃} 2Al_2O_3$

(二)与酸反应

铝桶能否盛放稀盐酸、稀硫酸？

【做一做】铝和盐酸反应

如图 3-10 所示，将铝片打磨后浸入 $6mol \cdot L^{-1}$ 的稀盐酸中，观察现象。

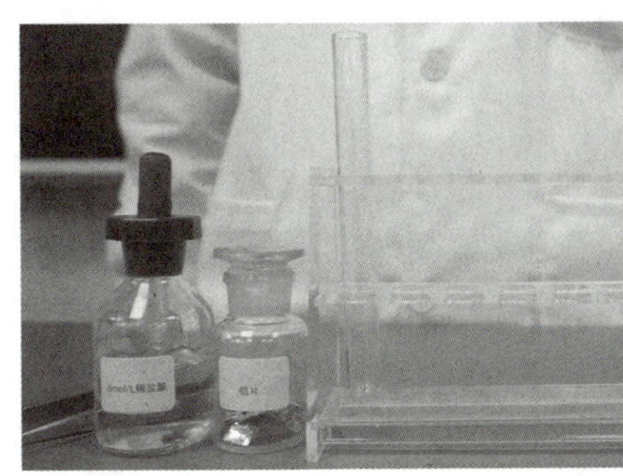

图 3-10 铝与盐酸反应

可以看到有气泡产生，铝和盐酸反应的方程式为：

$$2Al+6HCl \Longrightarrow 2AlCl_3+3H_2\uparrow$$

但在实际工业生产中，铝桶通常用来盛放浓硝酸、浓硫酸（见图 3-11），这是因为铝和冷的浓硫酸或浓硝酸发生化学反应，生成了一层致密而又坚固的氧化物薄膜，阻止了反应的继续进行，这种现象叫作**钝化**。

(a) 铝桶盛放浓硫酸

(b) 铝罐车

图 3-11　铝桶及铝罐车

实验视频 3-4：铝与酸反应

(三)与碱反应

铝能否和碱反应？

【做一做】铝和氢氧化钠反应

如图 3-12 所示，将铝片打磨后浸入 $6mol \cdot L^{-1}$ 的 NaOH 溶液中，观察现象。

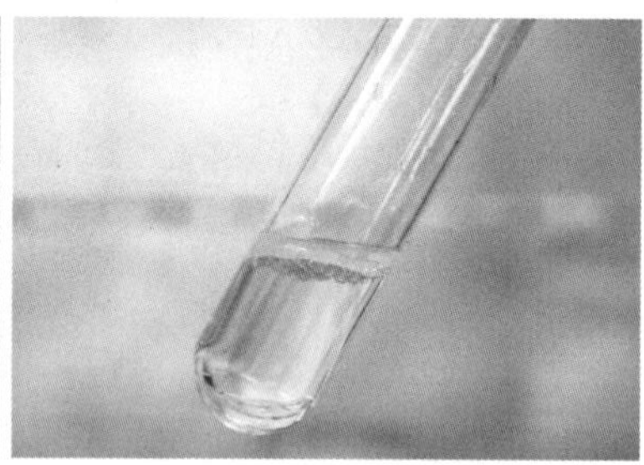

图 3-12　铝与氢氧化钠反应

实验视频 3-5：铝与碱反应

可以看到，铝片表面有气泡冒出，说明铝可以和氢氧化钠发生化学反应：

$$2Al+2NaOH+2H_2O \Longrightarrow 2NaAlO_2+3H_2\uparrow$$

(四)与某些金属氧化物反应——铝热反应

活动性较强的单质铝也可还原出铁。将铝粉和氧化铁混合，在高温条件下发生反应，该反应能够放出大量的热，生成氧化铝和液态铁。该反应叫作**铝热反应**。

【做一做】铝热反应

如图 3-13(a)所示，将两张圆形滤纸分别折叠成漏斗状，在其中一个纸漏斗的底部剪一个小孔，用水湿润，再与另一个纸漏斗套在一起，有孔纸漏斗置于内层(使纸漏斗每边都有 4 层)，架在铁架台的铁圈上，其下方放置盛有细沙的蒸发皿或铁盘。将 5g 干燥的氧化铁粉末和 2g 铝粉均匀混合后放入纸漏斗中，在混合物的上面加适量氯酸钾，再在混合物中间插一根镁条。点燃镁条，观察并记录实验现象。

$$2Al + Fe_2O_3 \xlongequal{高温} 2Fe + Al_2O_3$$

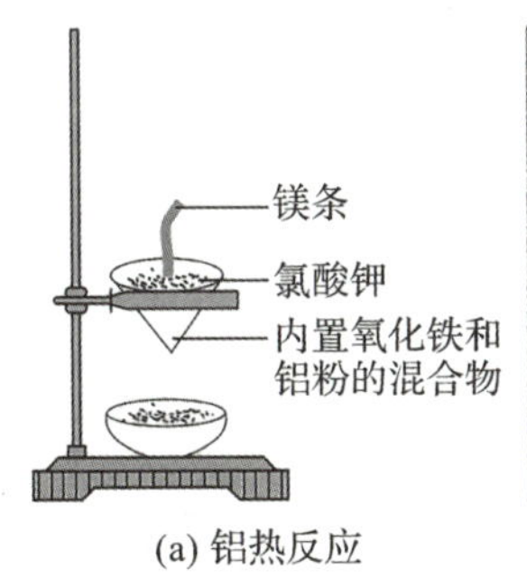

(a) 铝热反应

(b) 铝热反应的应用

图 3-13　铝热反应及其应用

铝热反应因其大量放热而用于焊接钢轨和定向爆破[见图 3-13(b)]。

某些金属氧化物(如 V_2O_5、Cr_2O_3、MnO_2 等)与氧化铁的化学性质相似，也能发生铝热反应生成相应的金属。工业上常利用铝热反应来冶炼这些熔点较高的金属(如钒、铬、锰等)。铝粉与某些难熔的金属氧化物(如 Fe_2O_3 等)以一定比例形成的混合物被称为**铝热剂**。

(五)铝的制备

工业上铝的制备方法包括氧化铝电解法、热还原法等，不同的铝材料或合金可以选用不同的制备方法。

知识点 2　铝的化合物

一、氧化铝

(一)氧化铝的物理性质

自然界中，蓝宝石、红宝石的成分都是氧化铝，蓝宝石中含有少量的钛和铁，红宝石中含有少量的铬。氧化铝是白色、难溶于水的固体，熔点很高，可达 2054℃。此外，氧化铝的硬度非常高，它的硬度值在莫氏硬度表中为 9，仅次于金刚石和莫氏石英，这意味着氧化铝非常难被刮伤或磨损，具有很高的耐磨性，这也是氧化铝被广泛应用于制造高硬度材料的原因之一（见图 3-14）。

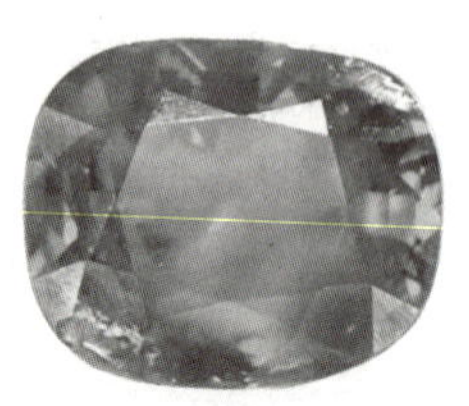

图 3-14　氧化铝

（二）氧化铝的化学性质

氧化铝既可以溶于硫酸，又可以溶于氢氧化钠，反应方程式如下：

$$Al_2O_3+3H_2SO_4 = Al_2(SO_4)_3+3H_2O$$

$$Al_2O_3+2NaOH = 2NaAlO_2+H_2O$$

像这种既能与酸反应又能与碱反应，只生成盐和水的氧化物，可称之为**两性氧化物**。

二、氢氧化铝

（一）氢氧化铝的物理性质

氢氧化铝是白色胶状物，不溶于水，但能凝聚水中悬浮物，具有吸附作用。氢氧化铝是一种用途很广的化工产品，工业级氢氧化铝主要用作塑料和聚合物的填料，制毯的阻燃剂和黏结剂，环氧树脂的填料，造纸的颜色填充剂和涂料，生产硫酸铝、明矾、氟化铝、铝酸钠，合成分子筛，生产牙膏的填料。医药级氢氧化铝（见图 3-15）有中和胃酸和保护溃疡面的作用，能缓解胃酸过多而合并的反酸等症状，与钙剂和维生素 D 合用时可治疗新生儿低钙血症（手足搐搦症）。

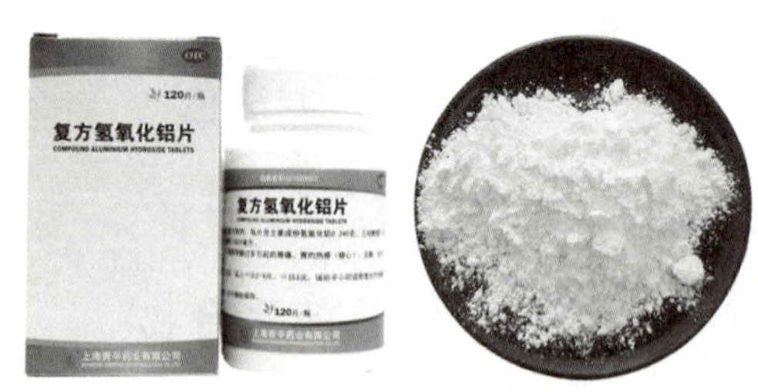

图 3-15　氢氧化铝

（二）氢氧化铝的化学性质

不溶性的碱受热会分解，例如氢氧化钙受热分解后生成氧化钙和水，氢氧化铝在高温条件下也会分解为氧化铝和水。

$$2Al(OH)_3 \xlongequal{高温} Al_2O_3+3H_2O$$

作为治疗胃酸过多药品的主要成分，氢氧化铝可以和盐酸反应，那么氢氧化铝是否可以和氢氧化钠反应呢？

【做一做】氢氧化铝两性探究实验（见图3-16）

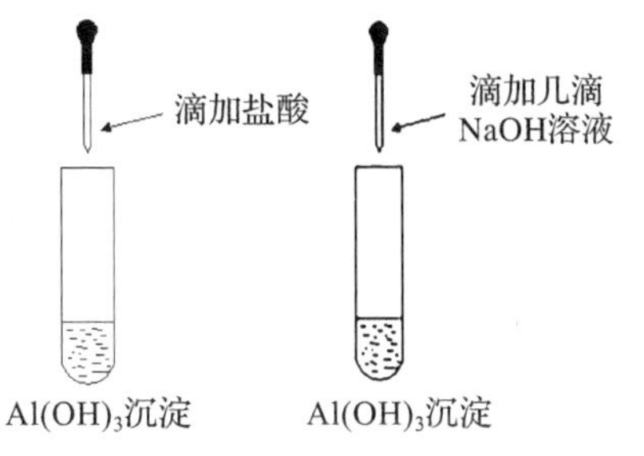

实验视频3-6：氢氧化铝两性探究实验

图3-16　氢氧化铝两性探究实验

可以看到，两支试管中的$Al(OH)_3$沉淀都逐渐溶解。由此可知，氢氧化铝既能与盐酸反应，又能与氢氧化钠反应。反应方程式如下：

$$Al(OH)_3+3HCl \xlongequal{} AlCl_3+3H_2O$$

$$NaOH+Al(OH)_3 \xlongequal{} NaAlO_2+2H_2O$$

像这种既能与酸反应又能与碱反应只生成盐和水的氢氧化物，可称之为两性氢氧化物。

（三）氢氧化铝的制备

现有$1mol \cdot L^{-1}$硫酸铝溶液、$6mol \cdot L^{-1}$氨水、$6mol \cdot L^{-1}$ NaOH溶液，请尝试制备氢氧化铝并观察沉淀产生量。

1.硫酸铝溶液与NaOH溶液反应

如图3-17所示，硫酸铝溶液中逐滴加入NaOH溶液。

实验视频3-7：氢氧化铝的制备

图3-17　硫酸铝溶液与NaOH溶液反应

2.硫酸铝溶液与氨水反应

如图3-18所示，硫酸铝溶液中滴加少量氨水，实验出现现象后继续滴加氨水。

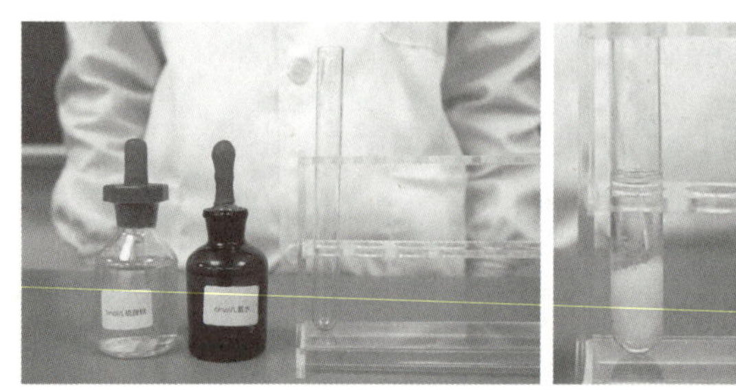

图 3-18　硫酸铝溶液与氨水反应

从以上两个实验中可以看到，加入 NaOH 溶液至过量的试管中出现白色沉淀又消失，而加入氨水溶液至过量的试管中出现白色沉淀且不消失。因此可以得到结论：氢氧化铝能溶于强碱，不能溶于弱碱。因此实验室通常采用硫酸铝或者氯化铝与氨水反应制取氢氧化铝。

知识点 3　铝的合金

纯铝的硬度和强度较小，不适合制造机器零件等。向铝中加入少量的合金元素，如 Cu、Mg、Si、Mn、Zn 及稀土元素等，可制成铝合金。铝合金是目前用途广泛的合金之一。铝合金除具有铝的一般特性外，由于所添加合金元素的种类和数量的不同又具有一些合金的具体特性。铝合金的强度接近高合金钢，刚度超过钢，有良好的铸造性能和塑性加工性能，良好的导电、导热性能，良好的耐腐蚀性和可焊性，可作结构材料使用，在航天、航空、交通运输、建筑、机电、轻化和日用品中有着广泛的应用(见图 3-19)。

(a)铝合金用于航天航空

(b)铝合金用于船舶行业

图 3-19　铝合金的应用

【任务实施】

废铝的再生

废铝回收和再生铝产业在当今社会中扮演着重要的角色，为资源利用、环境保护和可持续发展提供了宝贵的支持。我国每年有大量废弃的铝（铝牙膏皮、铝药膏皮、铝制器皿、铝饮料罐等），废铝作为回收利用的重要资源，为再生铝产业提供了主要原料，同时在环境保护方面发挥着重要作用。请你利用废弃的铝牙膏皮或铝药膏皮制备氢氧化铝，树立资源可回收利用的环保意识。

第一步：查阅

通过互联网，以“废铝回收”为关键词搜索相关资料，收集废铝回收的方法。整理并分析资料，为确定实验方案做准备。

第二步：决策

（1）根据资料确定废铝回收利用的方法。

（2）选择必要的仪器和试剂。

我们的决策

选择的废铝回收方法：

选择的试剂和仪器：

实施步骤：

第三步：实施（以“废铝为原料制备氢氧化铝”为例）

1. 制备偏铝酸钠

（1）称取 2.5g NaOH 于 250mL 烧杯中，加 50mL 蒸馏水溶解。

（2）加入 1g 金属铝片，加热，反应至不再有气体产生。

（3）用布氏漏斗减压过滤，得偏铝酸钠（$NaAlO_2$）溶液。

2. 合成氢氧化铝

(1)将上述偏铝酸钠溶液加热至沸。

(2)在不断搅拌下，加入 75mL 饱和 NH_4HCO_3 溶液。

(3)静置澄清，检验沉淀是否完全。

(4)用布氏漏斗减压过滤。

3. 氢氧化铝的洗涤、干燥

(1)将 $Al(OH)_3$ 沉淀转入 400mL 烧杯中，加入约 150mL 近沸的蒸馏水。

(2)在搅拌下加热 2～3min，静置澄清，倾去清液，重复上述操作两次。

(3)将沉淀移入布氏漏斗减压过滤。

(4)将 $Al(OH)_3$ 放入烘箱中，在 80℃下烘干。

(5)冷却后称量，计算产率。

结果与讨论：合成 $Al(OH)_3$ 时，如何检验沉淀是否完全？

第四步：反思与改进

____

____

【思考与练习】

1. 下列既可与酸反应又可与碱反应的物质有(　　)。

A. $Al(OH)_3$　　B. MgO　　C. Al_2O_3　　D. $Mg(OH)_2$

2. 实验室制取 $Al(OH)_3$，可选用的最佳试剂为硫酸铝和(　　)。

A. NaOH　　B. 稀盐酸　　C. 氨水　　D. $AgNO_3$

3. 下列关于 $Al(OH)_3$ 的性质叙述错误的是(　　)。

A. $Al(OH)_3$ 是难溶于水的白色沉淀

B. $Al(OH)_3$ 能吸附水中的悬浮物

C. $Al(OH)_3$ 能溶于氨水

D. $Al(OH)_3$ 属于两性氢氧化物

4. 将 $1mol \cdot L^{-1}$ $AlCl_3$ 溶液 25mL 与 $2mol \cdot L^{-1}$ NaOH 溶液 40mL 混合，可得到 $Al(OH)_3$ 沉淀多少克？

5. 家庭的厨卫管道内常因留有油脂、毛发、菜渣、纸棉纤维等而造成堵塞，此时可以用一种固体管道疏通剂疏通。这种固体管道疏通剂的主要成分有 NaOH 和铝粉，请解释其疏通原理。

【任务评价】

见附录 1。

任务 3.1.3 认识新型合金

【任务描述】

我们已经知道传统金属材料具有导电性好、强度高、热导率高和可塑性强等优良性能，但其不可拉伸、高硬度、非流动性等特征，导致传统金属材料的应用领域受限。由于合金与纯金属在组成和结构上不同，因此其性能更强、用途更广泛。本任务将学习轻质合金、储氢合金和形状记忆合金等，了解新型金属材料的性能及其应用。

【知识准备】

知识点 1 轻质合金

中国汽车工程学年会发布的《节能与新能源汽车技术路线图》指出，预计到 2030 年，汽车单车用铝量超过 350kg。相对于钢制结构（冲压＋焊接），铝合金铸件具备轻量化、模块化、高刚性、高精度、结构自由等优势。专家认为，目前铝合金压铸件已成为各类型车身的必备件之一。

轻质合金是指由两种或两种以上密度小于或等于 $4.5g \cdot cm^{-3}$ 的金属元素（如铝、镁、钛等）熔合而成的合金。例如，镁合金是一种轻质、高强度、高塑性的金属材料，它的密度只有铝合金的 2/3，但强度却比铝合金高。此外，镁合金还具有良好的机械性能、抗腐蚀性能和耐高温性能。因此，在汽车、飞机等交通工具以及电子设备等领域都得到广泛应用(见图 3-20)。

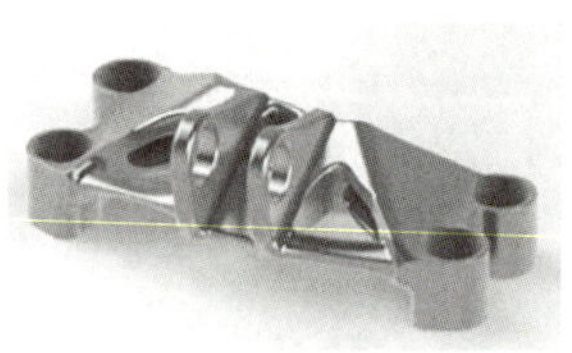
(a)镁锂合金发动机托架

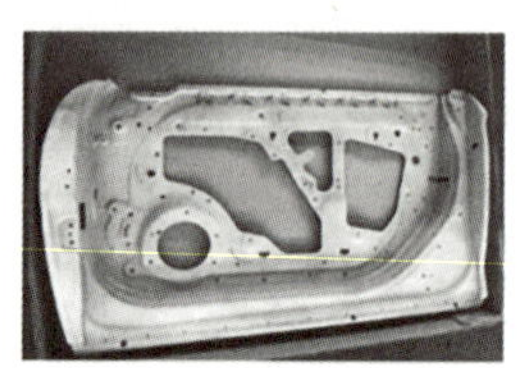
(b)镁锂合金车门

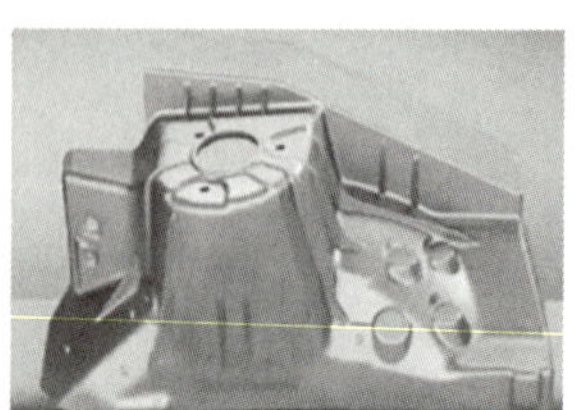
(c)减震塔

(d)镁锂合金曲轴箱盖

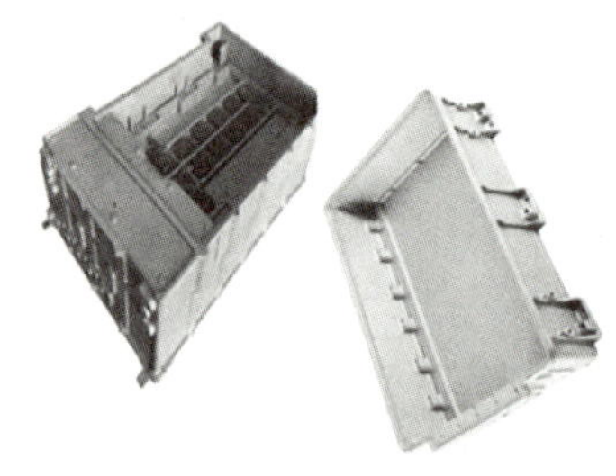
(e)电动汽车电池托盘

(f)电动汽车电控箱

图 3-20 轻质合金的应用

知识点 2 储氢合金

近年来，为满足某些尖端技术发展的需要，人们又设计和合成了许多新型合金。例如，氢能是人类未来的理想能源之一，氢能利用存在两大难题：制取和储存。**储氢合金**是由两种特定金属构成的合金，其中一种金属可以大量吸氢，形成稳定的氢化物，而另一种金属虽然与氢的亲和力小，但氢很容易在其中移动(见图 3-21)。新型储氢合金材料的研究和开发将为氢气作为能源的实际应用起到重要的推动作用。

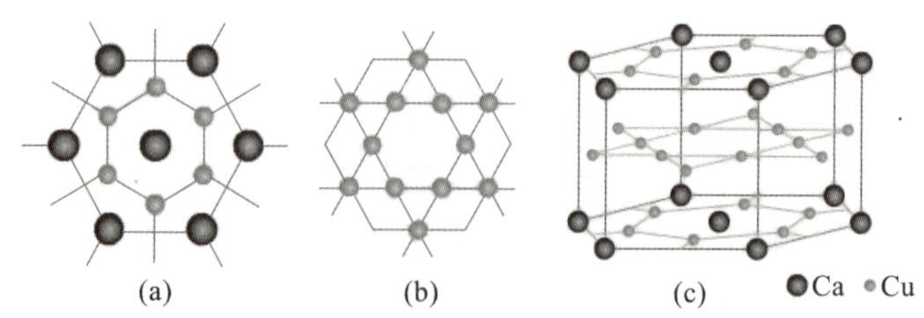

图 3-21 储氢合金的结构模型

储氢合金当前主要用于通信基站、分布式供能及备用电源、氢能源汽车、空调与采暖、传感器和控制器等领域。

知识点3 形状记忆合金

形状记忆合金具有高弹性、金属橡胶性能、高强度等特点，在较低温度下受力发生塑性变形后，经过加热，又可恢复到受热前的形状，可用于调节装置的弹性元件(如离合器、节流阀、控温元件等)、热引擎材料、医疗材料(牙齿矫正材料)等(见图3-22)。

图3-22 形状记忆合金

新型金属功能材料除上述几类以外，还有能降低噪声的减振合金；具有替代、增强和修复人体器官和组织的生物医学材料；具有在材料或结构中植入传感器、信号处理器、通信与控制器及执行器，使材料或结构具有自诊断、自适应，甚至损伤自愈合等智能功能与生命特征的智能材料等。

【任务实施】

新型合金环保材料及其使用情况调研

铝锂合金具有低密度、高强度的特点。若用其代替常规的铝合金，可使构件质量减轻、强度提高，具有较高的工作温度，价格便宜，因此是21世纪航空飞行器较理想的结构材料之一。我国“神舟号”航天飞船的许多部件就是用铝锂合金制造的(见图3-23)。

图3-23 新型合金材料

请你收集资料，说明铝锂合金的特点和特殊应用，写一份调研报告，了解各种新型合金材料种类、性能及其应用。

第一步：查阅

通过互联网，以“新型合金”为关键词搜索相关资料，了解新型合金组成及使用领域，在校园中调研新型环保合金的使用场所，整理并分析资料，为撰写调研报告做准备。

第二步：决策

我们的决策

选择的合金材料：

选择的调查工具：

实施步骤：

第三步：实施

撰写一份关于新型合金的调研报告。

新型合金调研报告

合金发展背景：

合金研究现状：

新型合金介绍：

（包括该合金的研究前景、生产工艺、应用情况等）

合金的优缺点分析：

（包括优点、不足、技术突破、发展瓶颈等）

结论与建议：

第四步:反思与改进

____

____

【思考与练习】

1. 下列物质中,不属于合金的是(　　)。

A. 硬铝　　B. 黄铜

C. 钢铁　　D. 铁锈

2. 下列金属材料中,最适合用于制造飞机部件的是(　　)。

A. 镁铝合金　　B. 铜合金

C. 不锈钢　　D. 铅锡合金

3. 下列物质中,属于纯金属的是(　　)。

A. 水银　　B. 生铁

C. 钢　　D. 保险丝

4. 吴王夫差剑为春秋末期制造的青铜剑,历经 2500 余年,剑的表面虽有一层蓝色薄锈,但仍寒光逼人,剑刃锋利。查阅资料回答下列问题。

(1)青铜是一种金属材料,该合金的主要成分及性质是什么?

(3)青铜剑表面的蓝色薄锈,其主要成分为碱式碳酸铜[$Cu_2(OH)_2CO_3$],这层蓝色薄锈形成的可能原因是什么?

5. 调查当前新型合金材料的研发和使用现状。

【任务评价】

见附录 1。

【思政微课堂】

"奋斗者"号背后的国家队

"奋斗者"号，是中国研发的万米载人潜水器，于2016年立项，由"蛟龙"号、"深海勇士"号载人潜水器的研发力量为主的科研团队承担。2020年6月19日，中国万米载人潜水器被正式命名为"奋斗者"号。2020年10月27日，"奋斗者"号在马里亚纳海沟成功下潜突破1万米达到10058米，创造了中国载人深潜的新纪录。11月10日8时12分，"奋斗者"号在马里亚纳海沟成功坐底，坐底深度10909米，刷新中国载人深潜的纪录。

2016年由中国科学院金属研究所带领，集合了宝钛股份有限公司、中国船舶集团公司洛阳船舶材料研究所、中航工业制造技术研究院和中国科学院深海科学与工程研究所等重要的技术力量，集各家技术之优势，组建形成"国家队"，经过三年的研发，最终成功造出全球最大、可搭载3人的全海深载人舱。

载人舱是"奋斗者"号载人潜水器的核心关键部件，也是人类进入万米深海的安全屏障。在万米深海极端压强下，载人舱的目标尺寸和厚度要求极为严苛。我国科研团队经过多番论证，自主发明了Ti62A钛合金新材料，为"奋斗者"号建造了世界最大、搭载人数最多的潜水器载人舱球壳。

项目 3.2　无机非金属材料

项目背景

我国无机非金属新材料工业是20世纪50年代末为配合研制"两弹一星"开始创建和发展起来的，被列为"中国技术政策"中的四大材料工业之一。无机非金属材料是由某些元素的氧化物、碳化物、氮化物、卤素化合物、硼化物以及硅酸盐、铝酸盐、磷酸盐、硼酸盐等物质组成的材料，主要包括传统硅酸盐材料（如陶瓷、玻璃、水泥等）和新型功能材料（如碳纳米材料、高温结构陶瓷、生物陶瓷等）。本项目将带你了解硅酸盐材料、半导体材料、光导纤维材料，探索"国之大材"的发展趋势和创新生态。

目标预览

1. 了解硅酸盐材料及其用途，能查阅资料了解硅酸盐工业发展水平并形成报告。

2. 掌握硅的重要性质，能查阅资料了解半导体材料发展水平并形成报告。

3. 掌握二氧化硅的重要性质，能查阅资料了解光导纤维材料发展水平并开展调研。

项目导学

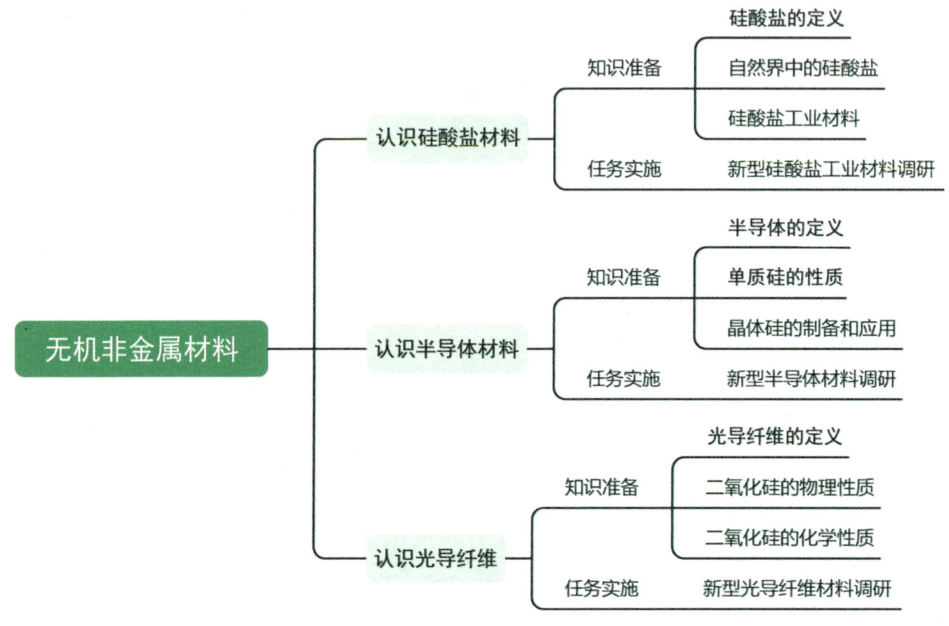

任务 3.2.1 认识硅酸盐材料

【任务描述】

我们知道硅是地壳中含量第二的元素，生活中很多器具材料里面都含有硅这一元素。我国硅酸盐行业需求旺盛，硅酸盐产业链结构完整。在本任务中，我们一起来探索一下硅酸盐材料的世界，从自然界中的硅酸盐到硅酸盐工业材料，能够从工业绿色发展的角度，通过调研进一步探究现在的新型硅酸盐材料，提升社会责任意识。

【知识准备】

知识点 1 硅酸盐的定义

在硅酸盐中，Si 和 O 构成了硅氧四面体，其结构如图 3-24 所示。每个 Si 结合

4个O,Si在中心,O在四面体的4个顶角;许多这样的四面体还可以通过顶角的O相互连接,每个O为两个四面体所共有,与2个Si相结合。硅氧四面体结构的特殊性,决定了硅酸盐材料大多具有硬度高、难溶于水、耐高温、耐腐蚀等特点。

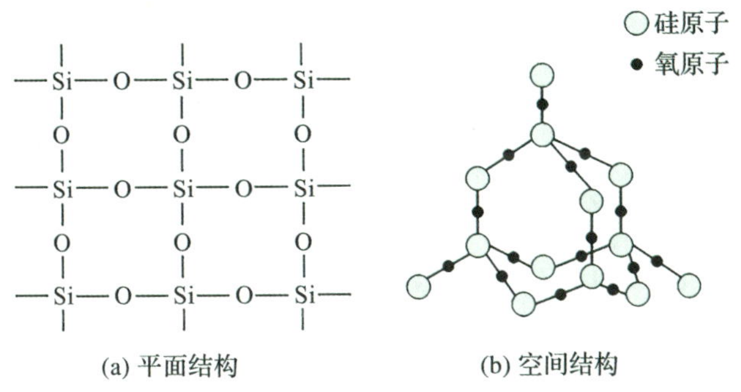

图3-24 硅氧四面体结构

传统硅酸盐材料是指以天然硅酸盐矿物为主要原料制成的材料。陶瓷、水泥、玻璃、耐火材料是传统硅酸盐材料的四大类。

知识点 2 自然界中的硅酸盐

硅酸盐的种类很多,结构也很复杂,它是构成地壳岩石的最主要的成分。通常用二氧化硅和金属氧化物的形式表示硅酸盐的组成,如图3-25所示。

(a)硅酸钠 $Na_2O \cdot SiO_2(Na_2SiO_3)$

(b)滑石 $3MgO \cdot 4SiO_2 \cdot H_2O[Mg_3(Si_4O_{10})(OH)_2]$

(c)石棉 $CaO \cdot 3MgO \cdot 4SiO_2[CaMg_3(SiO_3)_4]$

(d)高岭土 $Al_2O_3 \cdot 2SiO_2 \cdot 2H_2O[Al_2Si_2O_5(OH)_4]$

图3-25 自然界中的硅酸盐

许多硅酸盐难溶于水。在可溶性硅酸盐中，最常见的是硅酸钠(Na_2SiO_3)，俗称泡花碱，它的水溶液又叫水玻璃。水玻璃是无色或灰色的黏稠液体，是一种矿物胶。它不易燃烧又不受腐蚀，在建筑工业上可用作黏合剂等。浸过水玻璃的木材或织物的表面能形成防腐防火的表面层。水玻璃还可用作肥皂的填充剂，帮助发泡和防止体积缩小。

天然硅酸盐的种类很多，在自然界分布很广。高岭土(又叫瓷土)，因盛产于我国江西景德镇的高岭而得名。纯净的瓷土是白色固体，但通常含有杂质而呈灰色或淡黄色或淡绿色。它具有很强的可塑性、较高的耐火性、良好的绝缘性和化学稳定性，主要用于制造瓷器、搪瓷、电瓷、耐火材料等，还可用于制造明矾、硫酸铝等。

滑石是一种含结晶水的硅酸镁矿物。纯滑石呈白色微透明，由于存在杂质而常有多种颜色。滑石质软，能用指甲在它上面刻画出痕迹。它的电绝缘性能很好，有特殊润滑性和较稳定的化学性质。所以，滑石可用于制造高频无线电陶瓷的配料。在工业上，滑石可作为隔离、润滑、防黏的材料，也可在造纸、塑料、橡胶和日用化学品中用作填料。

知识点 3 硅酸盐工业材料

以硅酸盐等物质为主要原料制造水泥、玻璃、耐火材料、陶瓷等产品的工业，叫作硅酸盐工业，是国民经济的重要组成部分。下面介绍几个硅酸盐工业产品，见图 3-26。

(a)水泥

(b)玻璃

(c)陶瓷

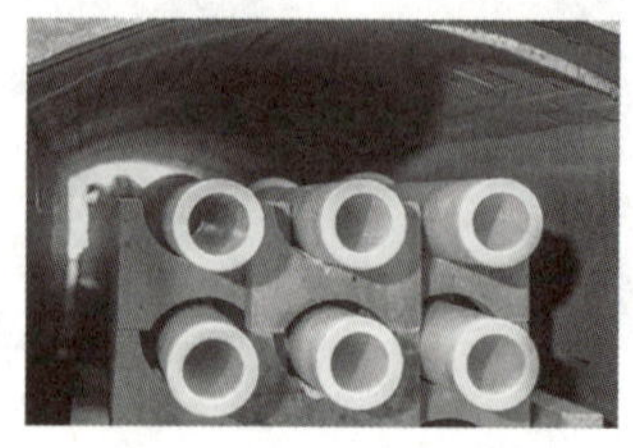
(d)耐火材料

(e)分子筛

图 3-26 硅酸盐材料

水泥。普通硅酸盐水泥的主要原料是黏土和石灰石($CaCO_3$)。水泥、砂子和碎石按一定比例混合,经硬化后成为混凝土,常用来建造厂房、桥梁等大型建筑物。用混凝土建造建筑物时常用钢筋作骨架,使建筑物更加坚固,这叫作钢筋混凝土。

玻璃。制造普通玻璃的主要原料是纯碱(Na_2CO_3)、石灰石($CaCO_3$)和硅石(SiO_2)。把原料按比例混合破碎,经高温熔炼即可制成普通玻璃。它不是晶体,没有固定的熔点,在某一温度范围内逐渐软化。在软化状态时,经过成型、退火、加工之后便制成玻璃制品。用不同的原料,可以制成不同性能、适于各种用途的玻璃。

陶瓷。陶瓷的主要原料是黏土。把黏土、长石和石英研成细粉,按一定比例配料,加水调匀,塑成各种形状的物品——坯,坯经烘干、煅烧后变成非常坚硬的物质,这就是我们常用的瓦、盆、罐等陶器制品。如用高岭土、长石、石英粉按一定比例混合塑成型,干燥后,在1273K下煅烧成素瓷,经上釉,再加热至1673K高温即得瓷器。

耐火材料。耐火材料是指能耐1853K以上的高温,并在高温下能耐气体、熔融炉渣、熔融金属等物质的腐蚀,且具有一定强度的材料。耐火材料通常是根据它们的化学性质分为酸性耐火材料(如硅砖)、中性耐火材料(如黏土砖、石墨砖)、碱性耐火材料(如镁砖)。耐火材料是现代工业的重要材料。

分子筛。某些含有结晶水的铝硅酸盐晶体,在其结构中有许多均匀的微孔隙和很大的内表面,因此它具有吸附某些分子的能力,是一种高效吸附剂。直径比孔隙小的分子能被它吸附;而直径比孔隙大的分子则被阻挡在孔隙外面,不被吸附,这样起着筛选分子的作用,故称为“分子筛”。可用分子筛吸附硫酸或硝酸以及工厂和汽车排气管排出的SO_2、NO、NO_2等有害气体,净化空气,减少污染。此外,分子筛还可用作石油催化裂化工业的催化剂。

【任务实施】

新型硅酸盐工业材料调研

“推动工业绿色发展‘百尺竿头更进一步’,需要新技术、新模式、新业态赋能。”绿色制造产业成为经济增长新引擎和国际竞争新优势,我国工业绿色发展整体水平显著提升。硅酸盐工业作为无机化学工业的一个重要部门,也正在积极探索新材料,攻克难题,走创新发展之路。

第一步:查阅

查阅资料,了解硅酸盐工业材料发展现状,选取一种你感兴趣的硅酸盐工业材料,进一步了解该材料的生产工艺、应用等情况。

第二步：决策

我们的决策

选择的硅酸盐材料：

选择的调查工具：

实施步骤：

第三步：实施

从工业绿色发展的角度分析你所查找的硅酸盐工业材料，并撰写一份调研报告。

新型硅酸盐工业材料调研报告

材料发展背景：

材料研究现状：

新型材料介绍：
（包括该材料的研究前景、生产工艺、应用情况等）

材料的优缺点分析：
（包括优点、不足、技术突破、发展瓶颈等）

结论与建议：

第四步:反思与改进

____

____

【思考与练习】

1. 材料的发展与化学密不可分,下列说法错误的是(　　)。

A. 青铜器是世界青铜文明的重要代表,青铜熔点低于纯铜

B. 中华彩瓷第一窑唐代铜官窑的彩瓷是以黏土和石灰石为主要原料,经高温烧结而成

C. "超轻海绵"使用的石墨烯是新型无机非金属材料

D. 我国率先合成的全碳纳米材料石墨炔具有重要的应用前景,石墨炔与石墨烯互为同素异形体

2. 建盏是久负盛名的陶瓷茶器,承载着福建悠久的茶文化历史。关于建盏,下列说法错误的是(　　)。

A. 高温烧结过程包含复杂的化学变化　　B. 具有耐酸碱腐蚀、不易变形的优点

C. 制作所用的黏土原料是人工合成的　　D. 属硅酸盐产品,含有多种金属元素

3. 将足量的 CO_2 气体通入水玻璃(Na_2SiO_3 溶液)中,然后加热蒸干,再在高温下蒸发并灼烧,最后所得固体物质是(　　)。

A. Na_2SiO_3　　B. Na_2CO_3、Na_2SiO_3

C. Na_2CO_3　　D. SiO_2

4. 实验室应该如何保存硅酸钠,并说明理由。

5. 唐三彩、秦兵马俑制品的主要材料在成分上属于硅酸盐,结合这两种制品谈一谈硅酸盐的特点。

【任务评价】

见附录1。

任务 3.2.2　认识半导体材料

【任务描述】

中国光伏行业实现了从无到有、从有到强的跨越式发展，建立了完整的产业链和配套环境，已经成为我国重要的、可以参与国际竞争并达到国际领先水平的战略性新兴产业。通过本任务的学习，我们将进一步认识硅的物理性质和化学性质，从中国制造的角度，通过调研进一步探究现在的新型半导体材料，培养时代精神。

【知识准备】

知识点 1　半导体的定义

半导体材料是指介于金属和绝缘体之间的材料，是制作晶体管、集成电路、光电子器件的重要基础材料，是芯片制作的基底，支撑着通信、计算机、网络技术等电子信息产业的发展。制作半导体的材料繁多，主要有硅、砷化镓、氮化镓、碳化硅和金刚石等。

知识点 2　单质硅的性质

位于元素周期表第三周期、第ⅣA 族的硅元素，正好处于金属与非金属的过渡位置，其单质的导电性介于导体与绝缘体之间，是应用最为广泛的半导体材料。硅在自然界主要以硅酸盐（如地壳中的大多数矿物）和氧化物（如水晶、玛瑙）的形式存在。

晶体硅是灰黑色、有金属光泽、硬而脆的固体。硅的熔点和沸点较高，硬度较大。硅的化学性质不活泼，常温下，除氟（F_2）、氢氟酸（HF）和强碱溶液外，其他物质如氧气、氯气、硫酸和硝酸等都不与硅发生反应。但在加热条件下，硅能和一些非金属反应。例如把研细的硅加热，它就燃烧生成二氧化硅，同时放出大量的热：

$$Si + O_2 \xlongequal{\triangle} SiO_2$$

硅能与强碱作用生成硅酸盐和氢气：

$$Si + 2NaOH + H_2O \xlongequal{} Na_2SiO_3 + 2H_2\uparrow$$

知识点 3 晶体硅的制备和应用

晶体硅中的杂质会影响其导电性能，因此必须制备高纯度的硅。工业上用焦炭还原石英砂可以制得含有少量杂质的粗硅。将粗硅通过化学方法进一步提纯，才能得到高纯硅。

$$SiO_2 + 2C \xlongequal{\triangle} Si + 2CO\uparrow$$

单晶硅和多晶硅是最早使用的半导体材料，用于制作二极管、晶体管、集成电路、太阳能电池等（见图 3-27）。

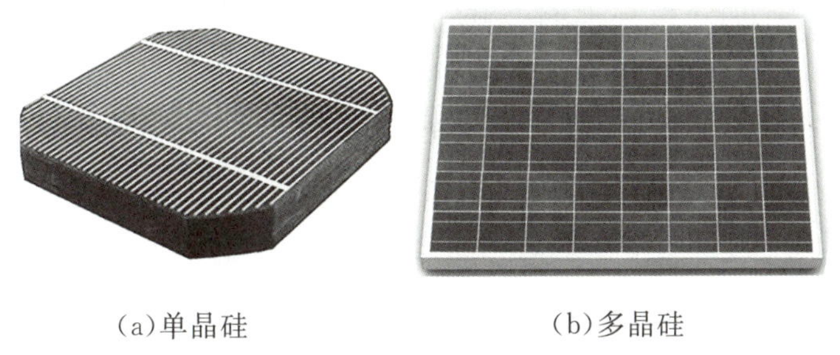

(a)单晶硅　　(b)多晶硅

图 3-27　晶体硅

【任务实施】

新型半导体材料调研

中国是全球工业门类最为齐全的国家，同时也是全球最大的汽车和智能手机消费市场。以 5G、大数据、人工智能为代表的数字经济，已成为我国经济转型发展的重要引擎。芯片作为数字经济的核心载体，其重要性不言而喻。半导体是制造芯片不可或缺的材料。

第一步：查阅

了解半导体材料研究现状，选取一种你感兴趣的半导体材料，进一步了解该材料的生产工艺、应用等情况。

第二步：决策

我们的决策

选择的半导体材料：

选择的调查工具：

实施步骤：

第三步：实施

从中国制造的角度分析你所查找的半导体材料，并撰写一份调研报告。

新型半导体材料调研报告

材料发展背景：

材料研究现状：

新型材料介绍：

（包括该材料的研究前景、生产工艺、应用情况等）

材料的优缺点分析：

（包括优点、不足、技术突破、发展瓶颈等）

结论与建议：

第四步:反思与改进

【思考与练习】

1. 下列叙述错误的是(　　)。

A. 硅在自然界中主要以单质形式存在　　B. 硅是应用最广泛的半导体材料

C. 高纯度的硅可用于制造计算机芯片　　D. 二氧化硅可用于生产玻璃

2. 我国积极发展芯片产业,推进科技自立自强,制造芯片所用的单晶硅属于(　　)。

A. 单质　　B. 盐　　C. 氧化物　　D. 混合物

3. 化学与自然、科技、生活、生产密切相关,下列说法不正确的是(　　)。

A. "天和核心舱"电推进系统中的腔体采用的氮化硼陶瓷属于无机非金属材料

B. "北斗系统"组网成功,北斗芯片中的半导体材料为硅

C. 木地板表面的氧化铝有耐磨和阻燃作用

D. 二氧化硅是制备光导纤维的原料,光导纤维遇强碱会"断路"

4. 高纯硅(Si)是当今科技的核心材料,是现代电子信息工业的关键材料。利用高纯硅可制成计算机内的芯片和 CPU,还可以制成太阳能光伏电池。请简述制备高纯硅的原理和注意事项。

5. 氮化硅在 19 世纪已经被化学家合成出来,但直到 100 多年后才逐渐应用于工业领域。材料的基础研究和实际应用之间存在着一定距离,你认为二者之间的关系是怎样的?请查阅相关资料,与同学交流。

【任务评价】

见附录 1。

【思政微课堂】

第三代半导体技术发展现状

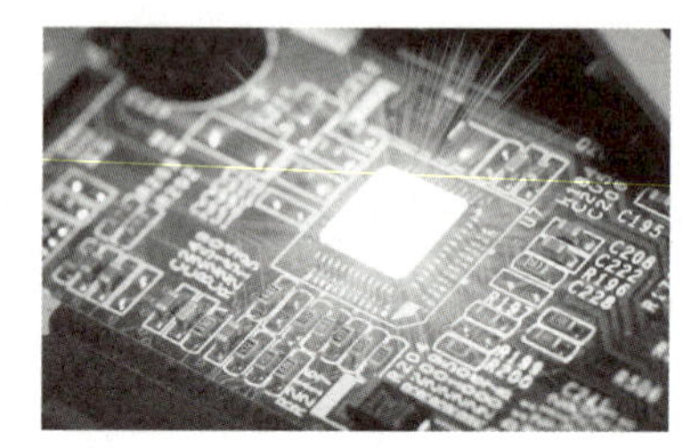

至2023年，我国5G基站部署突破300万个，建成全球规模最大的5G SA网络之一，5G规模化增长关键指标持续刷新。半导体材料开始成为市场宠儿，开启了第三代半导体的新纪元。

相较于第一代和第二代半导体材料，以氮化镓、碳化硅为代表的第三代半导体材料具有高频、耐高压、耐高温、抗辐射能力强等优越性能，在培育战略性新兴产业、带动高新技术产业发展、保障国计民生和国防安全等方面具有重要作用。第三代半导体技术已跨越产业化临界点，在材料制备、器件设计及系统应用界面取得突破性进展。随着全球产能扩张与技术迭代加速，其将在"双碳"目标下驱动能源效率革命。当前，第三代半导体技术处于产业爆发前的"抢跑"阶段，有望成为中国半导体产业的突围先锋。

任务3.3.3 认识光导纤维

【任务描述】

我们已经知道光纤宽带和移动通信网络正在飞速发展。随着《"十四五"国家信息化规划》《数字中国建设整体布局规划》等政策规划出台，"双千兆"网络建设带动国内光纤光缆需求保持稳定增长，持续推动中国光纤行业的发展。在本任务中，我们将了解二氧化硅的物理性质和化学性质，通过调研进一步了解新型的光导纤维材料，培养社会责任感。

【知识准备】

知识点1 光导纤维的定义

光导纤维，或称光学纤维(optical fiber)，简称光纤，是一种由玻璃或塑料制成的纤维。因其小巧、轻便、信号损耗小等特点，被广泛应用于通信、医疗、科学研究等领域。光导纤维的主要成分是高纯度的二氧化硅，其含量可以达到99.99%以上。

知识点2 二氧化硅的物理性质

二氧化硅是一种无机化合物，通常为白色粉末，分子式为 SiO_2，是一种非常稳定的化合物（见图 3-28）。自然界中的二氧化硅通常以晶体和无定形两种形态存在，比较纯净的晶体叫作石英。无色透明的纯二氧化硅又叫作水晶，因含有微量杂质通常呈现不同的颜色，例如紫晶、墨晶和茶晶等。

(a)二氧化硅粉末

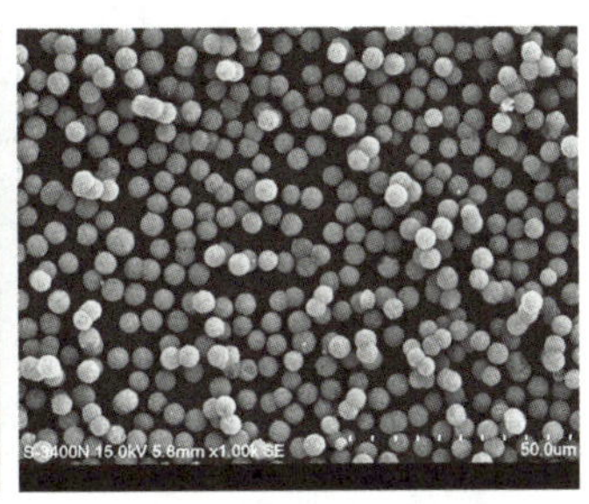

(b)二氧化硅电镜图

图 3-28 二氧化硅

无定形二氧化硅在自然界含量较少。硅藻土是无定形硅石，它是死去的硅藻和其他微生物的遗体经沉积胶积而成的多孔、质轻、松软的固体物质。它的表面积很大，吸附能力较强，可以用作吸附剂、催化剂的载体以及保温材料等。

知识点3 二氧化硅的化学性质

二氧化硅不溶于水，能与氢氟酸反应生成四氟化硅（SiF_4），所以不能用玻璃（含有 SiO_2）器皿盛放氢氟酸。

$$SiO_2 + 4HF = SiF_4 \uparrow + 2H_2O$$

二氧化硅是酸性氧化物，能与碱性氧化物或强碱反应生成硅酸盐。如：

$$SiO_2 + CaO = CaSiO_3$$

$$SiO_2 + 2NaOH = Na_2SiO_3 + H_2O$$

二氧化硅的用途很广。较纯净的石英可用来制造普通玻璃和石英玻璃。石英玻璃可用来制造光学仪器和耐高温的化学仪器。此外，二氧化硅还是制造水泥、陶瓷、光导纤维的重要原料（见图 3-29）。

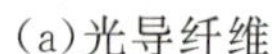

(a)光导纤维

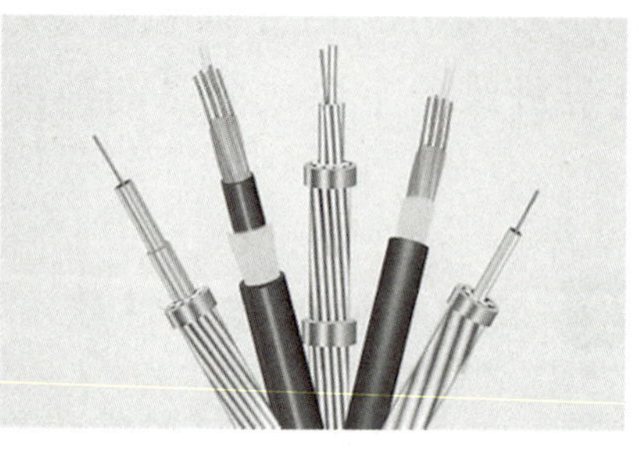

(b)光缆

图 3-29 光纤材料

【任务实施】

新型光导纤维材料调研

数字技术创新空前活跃，已成为推动经济社会发展、改善民生的重要力量。互联网给人们的出行、购物、社交、娱乐、就医、教育等各方面带来极大便利。融汇创新人工智能、区块链、虚拟现实、数字孪生、大数据、云计算、5G、物联网等最新一代数字信息技术，打造沉浸式虚拟空间，孕育无限应用场景，是互联网的发展方向，也是数字经济与实体经济深度融合的高级形态。这对光导纤维材料的发展也提出了更高的要求。

第一步：查阅

了解光导纤维材料研究现状，选取一种你感兴趣的光导纤维材料，进一步了解该材料的生产工艺、应用等情况。

第二步：决策

我们的决策

选择的材料：

调查工具：

参考文献来源：

第三步：实施

查找光导纤维材料在数字技术中的应用，并撰写一份调研报告。

新型光导纤维材料调研报告

材料发展背景：

材料研究现状：

新型材料介绍：

（包括该材料的研究前景、生产工艺、应用情况等）

材料的优缺点分析：

（包括优点、不足、技术突破、发展瓶颈等）

结论与建议：

第四步：反思与改进

____

____

【思考与练习】

1. 下列说法正确的是（　　）。

A. 二氧化硅的水溶液显酸性，所以二氧化硅属于酸性氧化物

B. 二氧化硅是两性氧化物，既能和氢氧化钠反应，也能和盐酸反应

C. 二氧化碳通入水玻璃可以得到硅酸

D. 因为高温时二氧化硅与碳酸钠反应放出二氧化碳，所以硅酸的酸性比碳酸强

2. 下列关于二氧化硅的说法中，正确的是（　　）。

A. SiO_2 晶体易溶于水

B. 二氧化硅分子由一个硅原子和两个氧原子组成

C. 不能用二氧化硅跟水直接反应制取硅酸

D. 二氧化硅既能与氢氟酸反应，又能与烧碱反应，所以它是两性氧化物

3. 牙膏中的摩擦剂（主要是 $CaCO_3$ 和 SiO_2）可以增强牙膏对牙齿的摩擦作用，提高去污效果，下列有关说法正确的是（　　）。

A. $CaCO_3$ 和 SiO_2 均属于氧化物

B. $CaCO_3$ 和 SiO_2 都能与稀盐酸反应

C. $CaCO_3$ 和 SiO_2 都能与 NaOH 溶液反应

D. $CaCO_3$ 和 SiO_2 均难溶于水，且不与水反应

4. 为什么可以用氢氟酸生产磨砂玻璃？写出反应方程式。

5. 查阅资料，说出二氧化硅的其他用途。

【任务评价】

见附录 1。

【思政微课堂】

“光纤之父”高锟：一抹执念，牵动世界的神经

高锟曾言：“做事固执，冥顽不化，可能不是个好品质，但所有的科学家都应该固执己见，一旦认准的路，就要百折不回走到底，撞上南墙也不回头，否则的话，你永远不会成功。”可以说，没有光纤，就没有互联网时代。这一划时代的伟大发明，掀起了一场人类通信技术的革命。“光纤之父”的声誉，高锟名副其实。

1966年，高锟提出用玻璃代替铜线的大胆设想，利用玻璃清澈、透明的性质，使用光来传送信号。他当时的出发点是想改善传统的通信系统，使它传输的信息量更多、速度更快。对这个设想，许多人都认为匪夷所思，甚至认为高锟有问题，简直是大白天说梦话。结果，在一片争议声中，高锟把设想变为现实。他发明了石英玻璃，1981年制造出世界上第一根光导纤维，使科学界大为震惊。从此，比人的头发还要纤细的光纤取代体积庞大的铜线，成为传送容量接近无限的信息传输管道，彻底改变人类的通信模式。

2009年，高锟在首次提出光纤通信后四十多年，终获诺贝尔物理学奖，诺贝尔委员会赞扬他“在纤维中传送光以达成光学通信的开拓成就”。

模块小结

一、金属材料与国之大器

(一)认识铁碳合金

1. 铁

纯净的铁是光亮的银白色金属,具有良好的延展性、导电性和导热性。常用的铁一般都含有碳和其他元素,铁能被磁铁吸引。在磁场作用下,铁自身也能产生磁性。

铁是比较活泼的金属,但常温时,在干燥的空气中很稳定,几乎不与氧、硫、氯气发生反应。加热时,铁能与它们发生反应。

2. 铁的化合物

铁的氧化物有 FeO、Fe_2O_3 和 Fe_3O_4,铁的氢氧化物有 $Fe(OH)_2$、$Fe(OH)_3$,常见的铁盐有 $Fe_2(SO_4)_3$、$FeCl_3$ 等,常见的亚铁盐有 $FeSO_4$、$FeCl_2$ 等。

3. 铁的合金

铁碳合金应用最广的是生铁和钢。它们的主要区别是含碳量不同。

(二)认识铝合金

1. 铝

铝是银白色轻金属,有延展性,是地壳中含量最丰富的金属元素。

化学性质活泼,与空气中的氧气反应生成致密的氧化膜。作为一种两性金属,既能与酸反应,也能与碱反应。能和某些金属氧化物发生铝热反应。

2. 铝的化合物

氧化铝是白色、难溶于水的固体,熔点很高,硬度大。既能与酸反应,也能与碱反应,是两性氧化物。

氢氧化铝是白色胶状物,不溶于水。既能与酸反应,也能与碱反应,是两性氢氧化物。

3. 铝的合金

向铝中加入少量的合金,可制成铝合金。铝合金是目前用途最广泛的合金之一。

(三)认识新型合金

1.轻质合金

轻质合金,是指由两种或两种以上密度小于或等于 $4.5g \cdot cm^{-3}$ 的金属元素(如铝、镁、钛等)熔合而成的合金。

2.储氢合金

储氢合金是由两种特定金属构成的合金,其中一种金属可以大量吸氢,形成稳定的氢化物,而另一种金属虽然与氢的亲和力小,但氢很容易在其中移动。

3.形状记忆合金

形状记忆合金具有高弹性、金属橡胶性能、高强度等特点,在较低温度下受力发生塑性变形后,经过加热,又可恢复到受热前的形状。

二、无机非金属材料

(一)认识硅酸盐材料

硅酸盐的种类很多,结构也很复杂,它是构成地壳岩石的最主要的成分。以硅酸盐等物质为主要原料制造水泥、玻璃、耐火材料、陶瓷、砖瓦等产品的工业,叫作硅酸盐工业。

(二)认识半导体材料

半导体材料是指介于金属和绝缘体之间的材料,是制作晶体管、集成电路、光电子器件的重要基础材料,是芯片制作的基底,支撑着通信、计算机、网络技术等电子信息产业的发展。

晶体硅是灰黑色、有金属光泽、硬而脆的固体。硅的熔点和沸点较高,硬度较大。硅的化学性质不活泼,常温下,除氟、氢氟酸和强碱溶液外,其他物质如氧气、硫酸和硝酸等都不与硅发生反应。

(三)认识光导纤维

光导纤维是一种由玻璃和塑料制成的纤维,其主要成分是高纯度的二氧化硅,其含量可以达到99.99%以上。二氧化硅通常为白色粉末,以晶体或无定型两种形态存在。不溶于水,能与氢氟酸反应生成四氟化硅,能与碱性氧化物或强碱反应生成硅酸盐。

模块4　生态兴国

人类文明的发展史就是一部人与自然的关系史。在人类文明产生和发展的进程中，“生态兴则文明兴，生态衰则文明衰”已成为历史定律。党的十八大以来，生态文明建设取得新的历史性成就。我们见证了中国在环保领域所取得的卓越成就，每一个成果都如同一颗璀璨的明珠，镶嵌在中国的绿色画卷上。

广袤的森林，如同大地的肺脏，为我们净化空气、调节气候。近年来，中国以每年超过9000万亩的速度推进造林工程，使森林覆盖率逐年攀升。我们走过了从黄沙漫漫到绿意盎然的历程，这是对自然最深切的敬意，也是对未来最坚定的承诺。

湿地的保护与恢复，同样是中国环保领域的一大亮点。那些曾经消失的湿地，正逐渐回归。我们以实际行动诠释了人与自然和谐共生的理念，退耕还湿，恢复湿地生态，让生命重归家园。

我们与沙尘展开了一场持久战。通过实施一系列防沙治沙工程，我们成功地遏制了荒漠化的蔓延。那曾经令人畏惧的沙尘暴，如今已成为历史。我们用实际行动证明了人类与自然可以和谐共生，沙漠也可以成为生命的绿洲。

水是生命之源，水质的好坏直接关系到人类的生存与发展。中国在水环境治理方面取得了举世瞩目的成就。通过科学合理的治理措施，我们成功地改善了水环境质量，让清流重现于河川。

美丽中国建设，不仅关乎自然环境的改善，更关乎人类文明的进步。我们以实际行动为世界树立了典范，证明了一个国家可以在追求经济发展的同时，坚定地保护环境，实现绿色发展。这一切的努力与成就，都是为了我们共同的家园——美丽中国。

项目 4.1　大气污染及其防治

项目背景

大气污染与人类息息相关，从用火做饭和取暖开始算起，已存在几千年。在工业革命期间，大量使用煤炭引起了许多严重的城市大气污染事件。大气污染的来源很广泛，既有自然的，也有人为的。大气污染的源头，其实就隐藏在我们的日常生活中。工业生产、交通运输、能源制造，甚至是我们日常的烹饪与取暖，都可能成为清洁空气的“杀手”。这些活动产生的废气、烟尘，一旦未经处理直接排放，将对大气造成无法挽回的伤害。更为严重的是，大气污染不仅会直接影响我们的健康，还会进一步导致酸雨、温室效应等全球性问题，甚至影响气候变化，引发更多的极端天气事件。

目标预览

1. 理解分散系、气溶胶等概念，能利用丁达尔效应区分溶液和胶体。
2. 掌握硫及其化合物的性质，能通过实验探究浓硫酸的吸水性和脱水性。
3. 掌握化学反应速率与化学平衡，能根据勒夏特列原理判断化学平衡移动。

项目导学

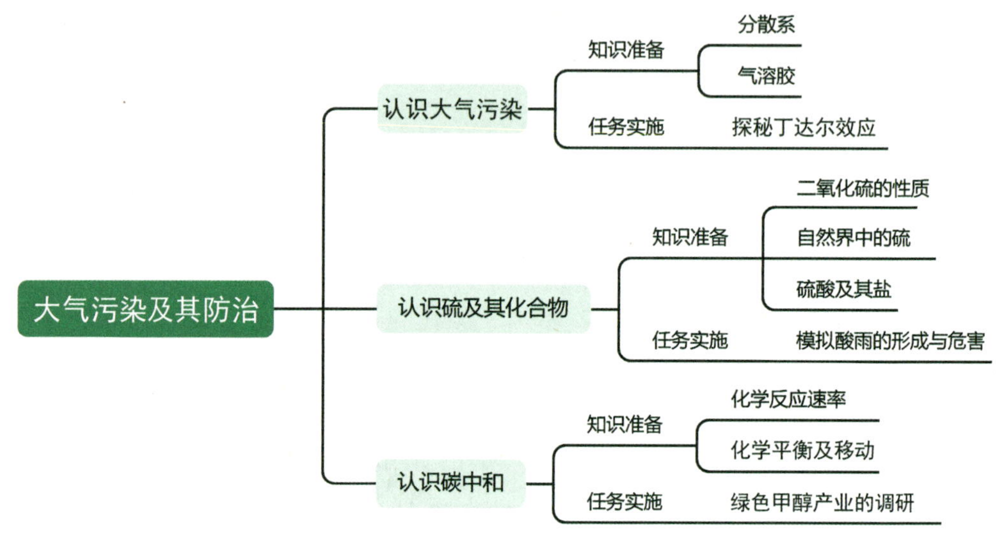

任务 4.1.1 认识大气污染

【任务描述】

我们已经知道洁净的大气由 N_2、O_2、稀有气体、CO_2、少量水蒸气和其他微量杂质组成。近半个世纪以来，人类向大气中排放烟尘等有害气体，不断对大气造成污染。许多大气污染现象都与气溶胶有着直接或间接关系。通过本任务的学习，我们将了解气溶胶和大气污染的有关知识，并能通过调研活动，更好地理解环境问题，掌握应对环境挑战的知识和技能，培养社会责任感和环保意识。

【知识准备】

知识点 1 分散系

在初中化学中我们学习过溶液、悬浊液和乳浊液，它们都是由一种或几种物质的微粒分散到另一种物质中形成的混合物，通常把这种混合物称为分散系（见图 4-1）。

在分散系中，被分散成微粒的物质称为**分散质**，能容纳分散质的物质（分散分散质的物质）称为**分散剂**（也称为**分散介质**）。**分散系**是由分散质和分散剂组成的混合体系。分散质和分散剂均可以是固体、液体或气体。如食盐分散在水中形成食盐溶液，蔗糖分散在水中形成蔗糖溶液，黏土分散在水中形成泥浆，水滴分散在空气中形成云雾，奶油、蛋白质和乳糖分散在水中形成牛奶等都是分散系。其中食盐、蔗糖、黏土、水滴、奶油、蛋白质和乳糖是分散质，水、空气为分散剂。

图 4-1　分散系

根据分散质粒子的大小，可把分散系分为三类：溶液、胶体和浊液，见表 4-1。

表 4-1　分散系的分类

分散系	分散质粒径	性质
溶液	粒径＜1nm	透明而均匀，性质稳定，只要外界条件不变，溶液可长期放置而不变化，能透过滤纸及半渗透膜
胶体	1nm≤粒径≤100nm	由很多“分子”（生物大分子除外）集合而成，胶体溶液看起来完全均匀且透明，实际上它并不均匀，能透过滤纸，不能透过半渗透膜；其性质比较稳定，在外界条件不变时不易析出沉淀
浊液	粒径＞100nm	用肉眼或普通显微镜即可看出分散质的颗粒。这种颗粒是由许多微粒聚集而成的，颗粒比较大，因而不透明、不稳定，悬浊液会发生沉降且不能透过滤纸，浊液容易分层

知识点 2　气溶胶

气溶胶是指悬浮在气体介质中的固态或液态颗粒所组成的气态分散系统。天空中的云、雾、尘埃，锅炉和各种发动机里未燃尽的燃料所形成的烟，采矿过程、石料加工过程和粮食加工时所形成的固体粉尘，人造的掩蔽烟幕和毒烟等都是气溶胶的具体实例。

根据来源，气溶胶分为自然和人工两类，其中自然气溶胶主要来源于大气、海洋、陆地等自然界,人工气溶胶则是由工业、交通、建筑等人类活动所产生的。根据组成,气溶胶分为有机气溶胶和无机气溶胶。按其大小,分为 TSP、PM_{10}、$PM_{2.5}$和超细颗粒物。**TSP**,即总悬浮颗粒物,指悬浮在空气中的直径≤100μm 的颗粒物;**PM_{10}**是指直径≤10μm 的颗粒物质;**$PM_{2.5}$**是指直径≤2.5μm 的颗粒物质;**超细颗粒物**是指直径≤0.1μm 的颗粒物质。

【任务实施】

探秘丁达尔效应

当阳光穿透云层时,借助空中的微尘和粒子,在天地之间延伸出一条条无边界的光线,这种自然现象就是现实生活中的丁达尔效应。丁达尔效应是指当一束光线透过胶体时,从入射光的垂直方向可以观察到胶体里出现的一条光亮的通路。这是由于胶体粒子对光线的散射作用。

第一步:查阅

(1)查阅资料,了解生活中哪些物质可以产生丁达尔效应。

(2)了解丁达尔效应在生活生产中的应用。

第二步:决策

我们的决策

选择的胶体:

选择的仪器和试剂:

实施步骤:

第三步:实施(以观察牛奶液的丁达尔效应为例)

(1)在 1 号和 2 号透明杯中分别放入 100mL 清水,在 2 号杯中滴入 4～6 滴牛奶,充分搅拌至均匀半透明状态(不能浑浊或乳白色)。

(2)用手电筒的光束水平照射杯身,确保光束穿过杯身中心。

(3)分别从光束的侧面和正前方进行观察。

(4)记录现象。

样品	分散系类型	侧面观察现象	正面观察现象
清水			
牛奶液			

第四步:反思与改进

【思考与练习】

1. 填写下表。

分散系	主要特征	举例
溶液		
胶体		
浊液		

2. 下列分散系属于胶体的是(　　)。

A. 硫酸钡悬浊液　　B. 气溶胶　　C. 碘酒　　D. 葡萄糖水

3. 用特殊的方法把固体加工成纳米级(直径为1～100nm)的超细粉末粒子,可制得纳米材料。下列分散系中,分散质粒子的直径和这种超细粉末粒子的直径具有相同数量级的是(　　)。

A. 溶液　　B. 胶体　　C. 悬浊液　　D. 乳浊液

4. 胶体区别于其他分散系的本质特征是什么?举例说明胶体的应用。

5. 讨论气溶胶的形成原因和危害。

【任务评价】

见附录1。

任务 4.1.2　认识硫及其化合物

【任务描述】

我们已经学习了大气污染的基本知识，知道二氧化硫也是大气的主要污染物之一。通过本任务的学习，我们将掌握二氧化硫等含硫化合物的性质，知道二氧化硫的用途；能辩证地分析化学品对人类生活和环境的影响，初步形成风险评估的意识；认识化学工业与人类生活、社会可持续发展的关系。

【知识准备】

知识点 1　二氧化硫的性质

一、二氧化硫的物理性质

空气中的二氧化硫主要来自化石燃料的燃烧、含硫矿石的冶炼，以及硫酸、纸浆生产等过程产生的工业废气。二氧化硫是一种无色、有刺激性气味的气体，其密度大于空气，易溶于水，吸入二氧化硫对人体有害。

二、二氧化硫的化学性质

二氧化硫属于酸性氧化物，化学性质较为活泼。在一定条件下能被氧气氧化表现出还原性；常温下能与硫化氢反应表现出氧化性等。

$$2SO_2 + O_2 \xrightleftharpoons[400\sim500℃]{V_2O_5} 2SO_3$$

$$SO_2 + 2H_2S = 3S\downarrow + 2H_2O$$

此外，二氧化硫还具有酸性氧化物的一般性质，如与水反应生成亚硫酸、与 NaOH 溶液反应生成亚硫酸钠和水。

$$SO_2 + H_2O \rightleftharpoons H_2SO_3$$

$$SO_2 + 2NaOH = Na_2SO_3 + H_2O$$

二氧化硫具有漂白性，能与品红等有机色素结合成无色化合物。但用二氧化硫漂白过的有色物质，在一定条件下会恢复原来的颜色（见图 4-2）。

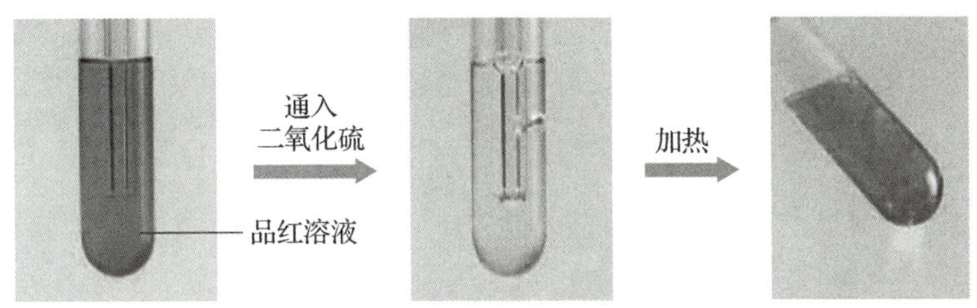

图 4-2　二氧化硫的漂白性

二氧化硫是一种食品添加剂。《食品安全国家标准 食品添加剂使用标准》规定了二氧化硫作为漂白剂、防腐剂、抗氧化剂的使用范围、使用限量和残留量。

知识点 2　自然界中的硫

硫元素广泛存在于自然界中。海洋、大气和地壳中乃至动植物体内，都含有硫元素。

硫单质俗称硫黄。通常状况下，它是一种淡黄色的晶体（见图 4-3）；很脆，易研成粉末；不溶于水，微溶于酒精，易溶于二硫化碳（CS_2），熔点和沸点均不高。

图 4-3　大自然中的硫元素

硫单质能与金属铁反应生成硫化亚铁，体现了硫单质的氧化性；能与氧气反应生成二氧化硫，体现了硫单质的还原性。

$$Fe+S \xlongequal{\triangle} FeS$$

$$S+O_2 \xlongequal{点燃} SO_2$$

知识点 3　硫酸及其盐

一、硫酸的性质和用途

(一)硫酸的物理性质

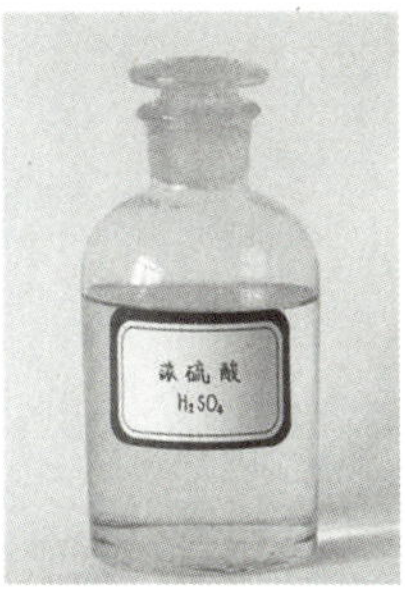

纯硫酸是无色的油状液体（见图 4-4），在 10.4℃ 时凝固成晶体。市售浓硫酸的质量分数约为 0.98，沸点 337℃，密度 $1.84g \cdot cm^{-3}$，浓度约为 $18mol \cdot L^{-1}$。

图 4-4　硫酸

(二)硫酸的化学性质

硫酸是强酸，具有酸的通性，如能与金属、金属氧化物、碱等反应。浓硫酸则有以下特性。

1. 氧化性

在常温下，浓硫酸与铁、铝等金属接触，能使金属表面生成一层致密的氧化物保护膜，可阻止内部金属继续与硫酸反应，这种现象叫作**金属的钝化**。因此，常温下浓硫酸可以用铁制或铝制容器储存和运输。但是，在受热时浓硫酸不仅能与铁、铝等起反应，而且能与绝大多数金属发生反应。

浓硫酸还可以与一些非金属及某些化合物反应。浓硫酸在化学反应中常作氧化剂。

$$Cu+2H_2SO_4(浓) \xlongequal{\triangle} CuSO_4+SO_2\uparrow+2H_2O$$

$$C+2H_2SO_4(浓) \xlongequal{\triangle} CO_2\uparrow+2SO_2\uparrow+2H_2O$$

2. 吸水性和脱水性

浓硫酸很容易和水结合成多种水化物，所以它有强烈的吸水性，常被用作气体(不和硫酸起反应的，如氯气、氢气和二氧化碳等)的干燥剂。

浓硫酸还具有强烈的脱水性，能夺取许多有机化合物(如糖、淀粉和纤维等)中与水组成相当的氢、氧原子，从而使有机物碳化。

【做一做】浓硫酸的脱水性

取 10g 蔗糖放入小烧杯中，用 2mL 水调成糊状，再加入 1mL 浓硫酸，用玻璃棒搅拌，观察实验现象(见图 4-5)。

图 4-5　浓硫酸的脱水性

实验视频 4-1：浓硫酸的脱水性

硫酸是重要的工业原料，可用它来制取盐酸、硝酸以及各种硫酸盐和农业上用的肥料(如磷肥和氮肥)。硫酸还应用于生产农药、炸药、染料，以及石油和植物油的精炼等。在金属、搪瓷工业中，稀硫酸可作为酸洗剂，以除去金属表面的氧化物。

二、硫酸的工业制备

硫酸是当今世界上最重要的化工产品之一。目前工业制备硫酸主要采用接触法，以硫铁矿或硫黄为原料制备硫酸。以硫铁矿（FeS_2）为原料制备硫酸的主要设备和流程如图 4-6 所示。

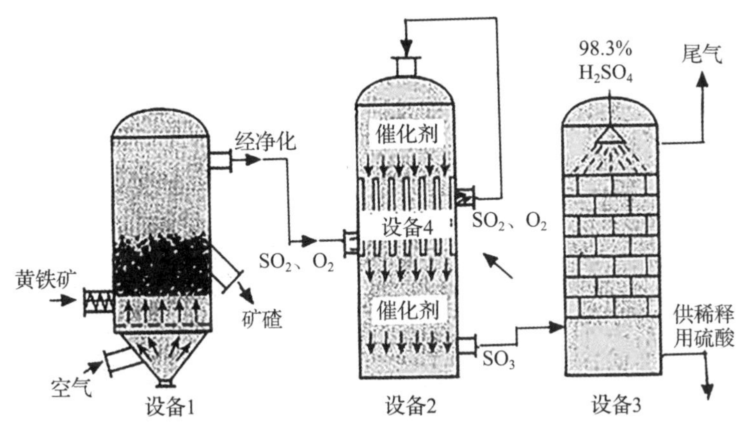

图 4-6 接触法制硫酸的简单流程

（一）第一步：二氧化硫的制取

原料硫铁矿经过粉碎后投入沸腾炉中，通入空气，硫铁矿和氧气在高温条件下充分混合发生反应，放出大量的热：

$$4FeS_2 + 11O_2 \xlongequal{\text{高温}} 2Fe_2O_3 + 8SO_2$$

由于硫铁矿中含有杂质，因此沸腾炉中反应产生的气体需要经过除尘净化后方可通入接触室。

（二）第二步：二氧化硫被氧化为三氧化硫

二氧化硫在加热、催化剂作用下在接触室中被氧化为三氧化硫：

$$2SO_2 + O_2 \underset{400\sim500℃}{\overset{V_2O_5}{\rightleftharpoons}} 2SO_3$$

上述反应通常在常压、450℃左右条件下进行，用五氧化二钒（V_2O_5）作催化剂。反应放出大量的热，接触室中安装热交换器，可以充分利用这部分热量来预热进入接触室的二氧化硫与氧气的混合气体，同时冷却反应后生成的三氧化硫。

（三）第三步：三氧化硫的吸收

在吸收塔中，用 98.3% 的浓硫酸吸收三氧化硫，再稀释成不同浓度的工业产品。不用水吸收三氧化硫，是为了防止 SO_3 溶于水时反应放出大量热导致酸雾，降低吸收效率。

$$SO_3 + H_2O \xlongequal{} H_2SO_4$$

工业生产得到的硫酸一般都是质量分数大于 92% 的浓硫酸，实际使用时可以根据需要稀释成不同浓度的硫酸。

（四）第四步：尾气的回收

浓硫酸吸收了三氧化硫后，剩余的气体在工业上叫尾气。尾气中含有二氧化硫，如果直接排入大气，会造成环境污染，所以在尾气排入大气之前，必须经回收、净化处理，防止二氧化硫污染空气并充分利用原料。

三、重要的硫酸盐

许多硫酸盐在实际应用中很有价值。现在我们来认识几种重要的硫酸盐，见图 4-7。

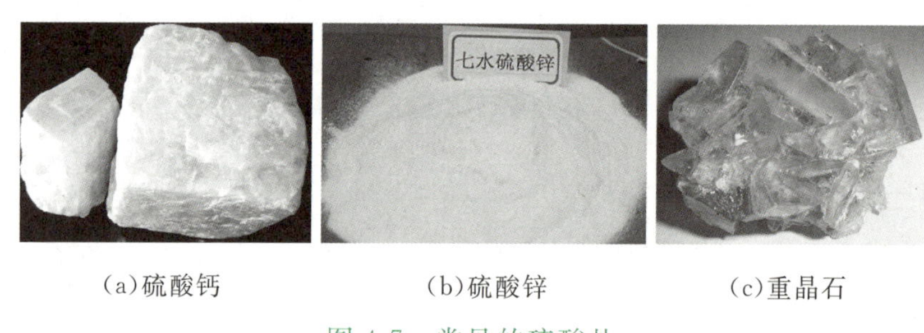

(a)硫酸钙　　(b)硫酸锌　　(c)重晶石

图 4-7　常见的硫酸盐

（一）硫酸钙（$CaSO_4$）

硫酸钙是白色固体。带两个结晶水的硫酸钙，叫作石膏（$CaSO_4 \cdot 2H_2O$）。石膏是自然界分布很广的矿物。将石膏加热到 150～170℃时，石膏失去所含结晶水的 3/4 而变成熟石膏（$2CaSO_4 \cdot H_2O$）。熟石膏加水调和成糊状后，很快就会硬化，重新变成石膏。所以熟石膏通常用来铸型，医疗上用来做石膏绷带。石膏也是制造水泥的原料。

（二）硫酸锌（$ZnSO_4$）

带七个结晶水的硫酸锌（$ZnSO_4 \cdot 7H_2O$），是无色晶体，俗称皓矾。在印染工业中用作媒染剂。其水溶液在医疗上用作收敛剂和眼药水。它也可用作木材防腐剂以及电镀锌的电镀液。用硫酸锌溶液与硫化钡溶液反应形成 $ZnS \cdot BaSO_4$ 的混合晶体，叫作锌白粉或锌钡白，是一种优良的白色颜料。

（三）硫酸钡（$BaSO_4$）

天然产的硫酸钡叫作重晶石。它是制造其他钡盐的原料。硫酸钡是白色固体，不溶于水和酸。医疗上利用这种性质以及不容易被 X 射线透过的性质，常将硫酸钡作为 X 射线透视肠胃的内服药剂，俗称“钡餐”。硫酸钡还可用来制造白色颜料。

另外，还有一些重要的硫酸盐，如芒硝（$Na_2SO_4 \cdot 10H_2O$），是制造玻璃的原料；绿矾（$FeSO_4 \cdot 7H_2O$），是制造蓝黑墨水的原料，还可用作染料的媒染剂、木材防腐剂和杀虫剂等。

【任务实施】

模拟酸雨的形成与危害

当人类活动（如燃烧化石燃料和工业生产）排放的二氧化硫（SO_2）和氮氧化物（NO_x）在大气中与氧气、水和其他化学物质发生反应，形成硫酸、硝酸和其他污染物，就会形成酸雨。酸雨会导致土壤酸化，加速土壤矿物质营养元素的流失，还能诱发植物病虫害，使农作物大幅度减产等等，也会使呼吸道状况恶化而影响人类健康。在本任务中，我们通过不同的途径模拟酸雨的形成与危害，以此来了解二氧化硫对环境的危害，认识环境保护的重要性。

第一步：查阅

（1）了解酸雨的来源和危害。

（2）了解空气质量标准。

（3）了解酸雨的形成原因。

第二步：决策

（1）根据酸雨的形成过程选择合适的方法和物体，模拟酸雨的形成。

（2）选择必要的仪器和试剂。

我们的决策

选择的任务：

选择的试剂和仪器：

实施步骤：

第三步：实施（以模拟酸雨对韭菜叶等造成的危害为例）

（1）分别向3个集气瓶中放置韭菜叶、镁带、大理石。

（2）分别用药匙取硫粉放在燃烧匙中，在酒精灯火焰上点燃后迅速塞紧橡皮塞。

（3）分别用医用注射器吸取20mL水注入到集气瓶中，观察并记录实验现象，填写下表。

实验序号	加入物品	实现现象	实验结论
1	韭菜叶		
2	镁带		
3	大理石		

写出模拟酸雨实验过程中发生的化学反应方程式：

实验1：________

实验2：________

实验3：________

第四步：反思与改进

____

____

对于减少酸雨的危害，你有什么建议吗？

【思考与练习】

1. 下列有关二氧化硫的说法中，错误的是（　　）。

A. 实验室可用氢氧化钠溶液吸收二氧化硫

B. 二氧化硫水溶液能使紫色石蕊试液变红，说明二氧化硫水溶液呈酸性

C. 二氧化硫能使酸性高锰酸钾溶液褪色，说明二氧化硫具有还原性

D. 二氧化硫能漂白某些物质，说明它具有氧化性

2. 下列关于浓硫酸和稀硫酸的叙述中，正确的是（　　）。

A. 都具有强氧化性　　B. 加热时都能与铜发生反应

C. 都能作为气体干燥剂　　D. 一定条件下都能与铁反应

3. 形成硫酸型酸雨的主要原因是(　　)。

A. 未经处理的工业废水的任意排放　　B. 大气中二氧化碳含量的增多

C. 工业上大量含硫燃料的使用　　D. 氢能、风能、太阳能等的使用

4. 某化工厂生产硫酸，使用一种含杂质为25%的黄铁矿原料。若取1吨该矿石，可制得98%的浓硫酸多少吨(假设生产过程中硫的损失为零)?

5. 关于二氧化硫“功”与“过”的探讨：二氧化硫是形成酸雨的主要物质，酸雨会腐蚀建筑、使土壤酸化、影响动植物的生长、引起人们的呼吸道疾病；二氧化硫是生产硫酸的主要原料，而硫酸又是化工产业中最重要的产品之一，另外二氧化硫还是国内外广泛使用的食品添加剂。由此可见，二氧化硫既污染环境、危害人类健康，又在工农业生产中具有重要的应用价值。请你评价二氧化硫的“功”与“过”。

【任务评价】

见附录1。

任务 4.1.3　认识碳中和

【任务描述】

为应对气候变化，我国要在2030年实现“碳达峰”、2060年实现“碳中和”。化学反应速率、化学平衡与碳达峰、碳中和之间存在密切的关系。我们将通过本任务的学习，掌握化学反应速率和化学平衡的有关知识，了解其在生产和生活中的应用，以及其对环境和社会的影响，同时培养科学探究和创新意识，增强社会责任感。

【知识准备】

知识点1 化学反应速率

在化学实验和日常生活中，我们经常观察到不同的化学反应进行的快慢千差万别，快与慢是相对而言的，是一种定性的比较。有些反应如化肥的生产、药物的合成等，我们希望化学反应进行得越快越好，生成的产物越多越好；而有些化学反应如钢铁的腐蚀、橡胶塑料的老化、食品的变质等，则希望反应速率慢、产物少。在科学研究和实际应用中，对化学反应进行的快慢采取定量的描述或比较时，要使用同一定义或标准下的数据。与物理学中物体的运动快慢用速率表示类似，化学反应过程进行的快慢同样可以用反应速率来表示。这就需要从两个方面来认识：一是化学反应进行的快慢程度，也就是化学反应速率的问题；二是化学反应进行的程度，即有多少反应物可以转化为生成物，也就是化学平衡的问题。这两个问题对我们今后学习化学和生产实践都具有十分重要的意义。

一、化学反应速率的概念

化学反应速率是用来衡量化学反应进行的快慢程度的物理量，通常用单位时间内反应物浓度的减少或生成物浓度的增加来表示。

浓度常以 $mol \cdot L^{-1}$ 为单位，时间常以 min（分）或 s（秒）为单位，化学反应速率的单位相应为 $mol \cdot L^{-1} \cdot min^{-1}$ 或 $mol \cdot L^{-1} \cdot s^{-1}$。例如，某反应的反应物浓度在 5min 内由 $6mol \cdot L^{-1}$ 变成了 $2mol \cdot L^{-1}$，则以该反应物浓度的变化表示该反应在这段时间内的平均反应速率为 $0.8mol \cdot L^{-1} \cdot min^{-1}$。

二、影响化学反应速率的因素

不同的化学反应，具有不同的反应速率。化学反应速率主要由反应物的性质来决定。例如，在外界条件相同的情况下，钠与水剧烈反应甚至爆炸，而镁与水的反应则很慢。同一个化学反应，在不同的外界条件下，会有不同的化学反应速率，其影响因素主要是浓度、压强、温度、催化剂等。因此，我们可以通过改变反应的条件来改变化学反应的速率。

（一）浓度对化学反应速率的影响

【做一做】浓度对化学反应速率的影响

如图 4-8 所示，取两支试管，向其中一支试管中加入 4mL $0.1mol \cdot L^{-1}$ $Na_2S_2O_3$

溶液，向另一支中加入 2mL 0.1mol·L^{-1} $Na_2S_2O_3$ 溶液和 2mL 水，同时在这两支试管中加入 2mL 0.1mol·L^{-1} H_2SO_4 溶液，观察现象。

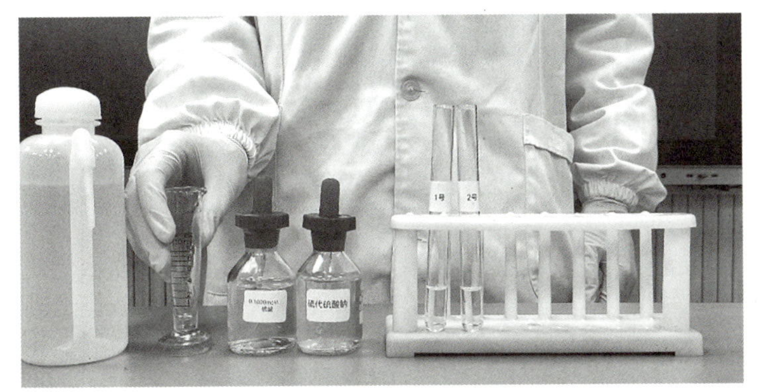

图 4-8　浓度对化学反应速率的影响

实验视频 4-2：浓度对化学反应速率的影响

实验结果表明，两支试管中均出现了浑浊，未加水的试管中先出现浑浊，加水稀释的试管中出现浑浊比较缓慢，说明反应物的浓度可以影响化学反应速率；反应物浓度大的反应速率快，反应物浓度小的反应速率慢。

可以得出结论：当其他条件不变时，增大反应物的浓度，可以提高化学反应速率；减小反应物的浓度，可以降低化学反应速率。

（二）压强对化学反应速率的影响

对于气体来说，当温度一定时，一定量气体的体积与其所受的压强成反比。这就是说，如果气体的压强增大到原来的 2 倍，气体的体积就缩小到原来的 1/2，单位体积内分子数就会增大到原来的 2 倍，如图 4-9 所示。

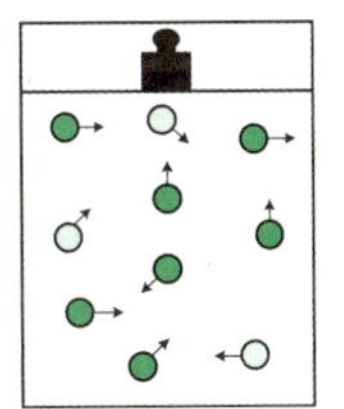

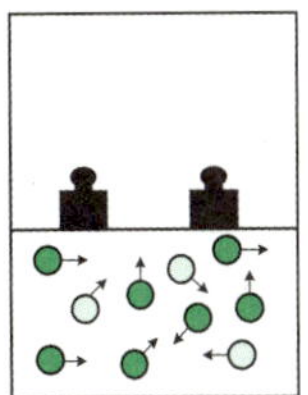

图 4-9　压强对化学反应速率的影响

可以得出结论：增大压强，即增大反应物的浓度，因而可以增大化学反应速率。相反，减小压强，气体的体积就扩大，浓度减小，因而化学反应速率也减小。

（三）温度对化学反应速率的影响

【做一做】 温度对化学反应速率的影响

如图 4-10 所示，取两支试管，各加入 4mL 0.1mol·L^{-1} $Na_2S_2O_3$ 溶液，同时在这两支试管中加入 2mL 0.1mol·L^{-1} H_2SO_4 溶液，将一支试管放入热水浴，另一支放入冰水浴，观察并记录现象。

实验视频 4-3：温度对化学反应速率的影响

图 4-10　温度对化学反应速率的影响

实验结果表明，放入热水浴中的试管内溶液先出现浑浊，而放入冰水浴中的试管出现浑浊现象比较缓慢。说明温度的变化能显著影响化学反应速率：升高温度反应速率加快，降低温度反应速率减慢。

可以得出结论：当其他条件不变时，升高反应温度，可以提高化学反应速率；降低反应温度，可以降低化学反应速率。1884 年，荷兰化学家范特霍夫通过大量实验，总结出一个经验规律：温度每升高 10℃，化学反应速率能增大到原来的 2～4 倍。

（四）催化剂对化学反应速率的影响

催化剂能改变化学反应速率，如在初中学过，实验室里用分解双氧水的方法制取氧气时，为了加快氧气生成的速率，通常使用二氧化锰作催化剂。

【做一做】催化剂对化学反应速率的影响

如图 4-11 所示，取 2 支试管，各加入 3mL 30% H_2O_2 溶液，再往其中一支试管中加入少量 MnO_2 固体，观察现象。

实验视频 4-4：催化剂对化学反应速率的影响

图 4-11　催化剂对化学反应速率的影响

实验结果表明，在过氧化氢分解制 O_2 时，MnO_2 可以加快反应速率。

并非所有催化剂都能加快反应速率，如在食用油脂中，加入 0.01%～0.02% 的没食子酸丙酯，可以有效防止酸败。在这里，没食子酸丙酯能降低反应速率。我们把能够提高反应速率的催化剂称为**正催化剂**，把能够降低反应速率的催化剂称为**负催化剂**。

影响化学反应速率的除以上因素外，还有接触面积大小、扩散速率等因素。在化工生产中，常将大块固体破碎成小块或磨成粉末，以增大接触面积，从而加快反应速率。另外，某些反应也会受光、超声波、磁场等影响而改变反应速率。

知识点2 化学平衡及移动

一、可逆反应与化学平衡

可逆反应，是指在同一条件下，既能向正反应方向进行，同时又能向逆反应方向进行的反应。如在 SO_2 与 H_2O 的反应中，由于生成物 H_2SO_3 不稳定，会部分分解为 SO_2 与 H_2O，因此该反应是一个可逆反应，不能进行到底。科学研究表明，大部分化学反应都是可逆反应。

在一定条件下，某个可逆反应在开始进行时，反应物的浓度最大，生成物浓度为零，因此正反应速率大于逆反应速率。随着反应的进行，反应物的浓度逐渐减小，正反应速率逐渐减小；生成物的浓度逐渐增大，逆反应速率逐渐增大。当反应进行到一定程度时，正反应速率与逆反应速率相等（见图 4-12），反应物的浓度和生成物的浓度均不再改变，达到一种表面静止的状态，我们称之为**化学平衡状态**，简称**化学平衡**。化学平衡状态是可逆反应在一定条件下所能达到的或完成的最大程度，即该反应进行的限度。化学反应的限度决定了反应物在该条件下转化为生成物的最大转化率。

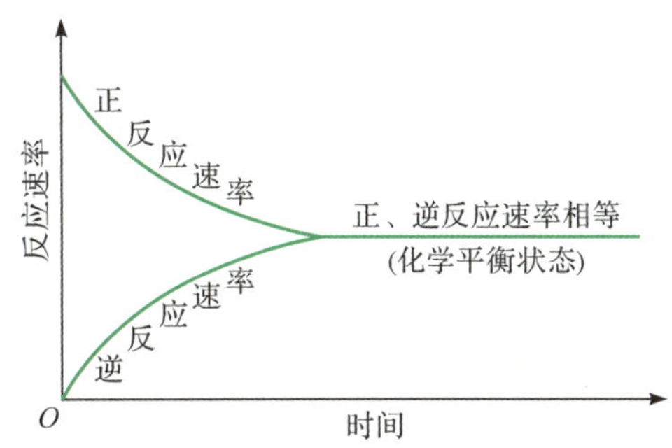

图 4-12 正、逆反应速率随时间变化

任何可逆反应在给定条件下的进程都有一定的限度，只是不同反应的限度不同。改变反应条件可以在一定程度上改变一个化学反应的限度，亦即改变该反应的化学平衡状态。因此，通过调控反应条件可使反应结果更好地符合人们预期的目的，这在工农业生产和环境保护等方面已经得到广泛的应用。

二、化学平衡的移动

化学平衡只有在一定的条件下才能保持，当一个可逆反应达到化学平衡状态后，如果改变浓度、压强、温度等反应条件，平衡状态也随之改变，平衡混合里各组分的浓度也会随之改变，最终在新的条件下达到新的平衡状态。当平衡条件发生改变时，旧化学平衡被破坏，建立新化学平衡的过程叫作**化学平衡的移动**。

(一)浓度对化学平衡移动的影响

【做一做】浓度对化学平衡移动的影响

在试管中加入 0.1mol・L^{-1} $FeCl_3$ 溶液和 0.1mol・L^{-1} KSCN(硫氰化钾)溶液各 10mL,摇匀,可观察到溶液呈现血红色,如图 4-13 所示。然后将反应混合物平均分到三支试管中:第一份保持不变;第二份加少量的 $FeCl_3$ 溶液,振荡试管;第三份加少量 KCl 溶液,振荡试管。

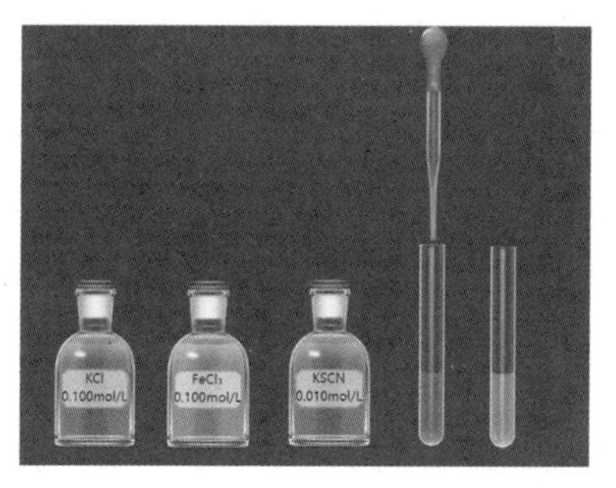

图 4-13　浓度对化学平衡的影响

实验视频 4-5:浓度对化学平衡的影响

实验现象表明,第二份与第一份比较,红色加深;第三份与第一份比较,红色变淡。

结论:在其他条件不变的情况下,增大反应物的浓度或减小生成物的浓度,可以使化学平衡向正反应的方向移动;增大生成物的浓度或减小反应物的浓度,可以使化学平衡向逆反应的方向移动。

(二)压强对化学平衡移动的影响

【做一做】压强对化学平衡移动的影响

(1)取三支注射器吸入 20mL NO_2 气体,及时封闭针头。

(2)将第二支注射器活塞快速推至 10mL 处,将第三支注射器活塞快速拉至 40mL 处,观察颜色变化,如图 4-14 所示。

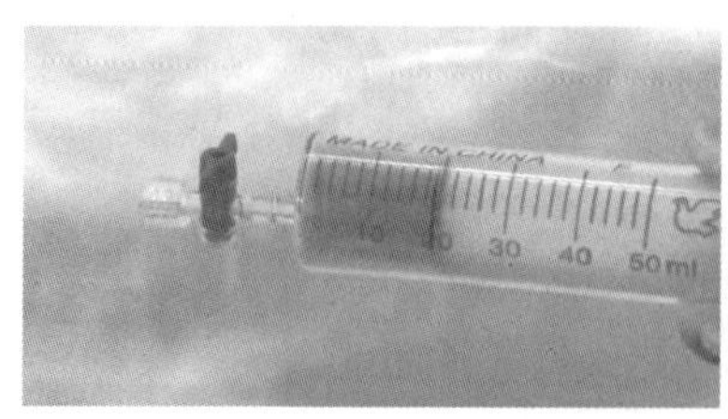

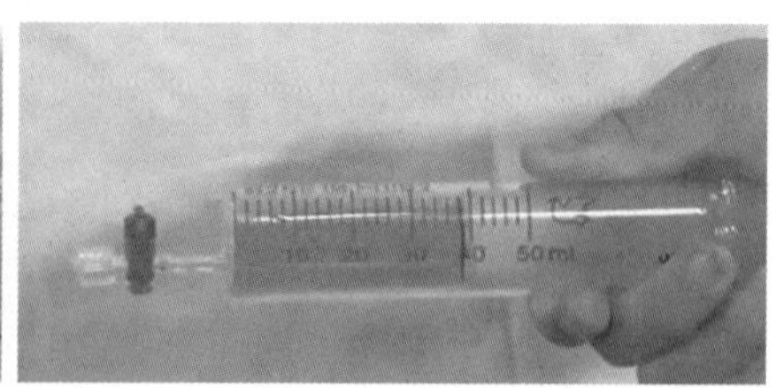

图 4-14　压强对化学平衡的影响

(3)用 50mL 注射器收集 20mL 二氧化氮与四氧化二氮的混合气体,先将注射器的活塞向外拉至 40mL 刻度处,仔细观察注射器中混合气体的颜色,再将注射器的活塞向内推回至 20mL 刻度处,仔细观察注射器中混合气体的颜色变化。

可以用下列反应来说明压强对化学平衡移动的影响：

$$2NO_2(g) \rightleftharpoons N_2O_4(g)$$

（2 体积，红棕色）　　　（1 体积，无色）

实验视频 4-6：压强对化学平衡的影响

实验证明，该可逆反应到达平衡后，如果增大平衡体系的压强，混合气体的颜色会变浅，即 N_2O_4 的浓度增大，说明平衡向正反应方向移动。如果减小平衡体系的压强，混合气体的颜色会变深，即 NO_2 的浓度增大，说明平衡向逆反应方向移动。

结论：当其他条件不变时，增大压强，化学平衡向气体分子总数减少的方向移动；减小压强，化学平衡向气体分子总数增大的方向移动。

（三）温度对化学平衡移动的影响

当化学反应发生时，不仅有新物质生成，通常还伴随着能量的变化。化学上把有热量放出的化学反应叫作**放热反应**，放热反应往往可表现为反应体系温度的升高，例如燃料的燃烧、食物的腐败等。把吸收热量的化学反应叫作**吸热反应**，如 $C+CO_2 \xrightarrow{\text{高温}} 2CO$ 就是吸热反应。对于可逆反应，如果正反应方向是放热的，则逆反应方向是吸热的。

在吸热或者放热的可逆反应中，反应到达平衡状态后，改变温度也会使化学平衡发生移动。

【做一做】温度对化学平衡移动的影响

把 NO_2、N_2O_4 气体平衡仪的一个球体放进冷水中，而把另一个球体放进冷水中，如图 4-15 所示，观察气体平衡仪球体的颜色变化，并与常温时 NO_2、N_2O_4 气体平衡仪球体中的颜色进行对比。

图 4-15　温度对化学平衡的影响

实验视频 4-7：温度对化学平衡的影响

$$2NO_2 \rightleftharpoons N_2O_4 \quad \text{（正反应为放热反应）}$$

可以看到，降温使得颜色变浅，升温使得颜色变深。

结论：当其他条件不变时，温度升高，会使化学平衡向着吸热反应的方向移动；温度降低，会使化学平衡向着放热反应的方向移动。

(四)催化剂对化学平衡移动的影响

催化剂能同等程度地改变正、逆反应的速率，因此它对化学平衡的移动没有影响。但当使用了催化剂时，能大大缩短反应达到平衡所需时间。因此，化工生产中广泛使用催化剂。

浓度、压强、温度对化学平衡的影响可以概括为：如果改变影响平衡的一个条件(如浓度、压强或温度等)，平衡就向能够减弱这种改变的方向移动。这个原理称为**平衡移动原理**，也叫**勒夏特列原理**。

三、化学反应条件的控制

在生产和生活中，人们希望促进有利的化学反应，抑制有害的化学反应，这就需要进行化学反应条件的控制。

在化工生产中，为了提高反应进行的程度而调控反应条件时，需要考虑控制反应条件的成本和实际可能性。例如，合成氨的生产在温度较低时，氨的产率较高；压强越大，氨的产率越高。但温度低，反应速率小，需要很长时间才能达到化学平衡，生产成本高，工业上通常选择在 400～500℃下进行。而压强越大，对动力和生产设备的要求也越高，合成氨厂根据生产规模和设备条件的不同，采用的压强通常为 10MPa～30MPa。

【任务实施】

绿色甲醇产业的调研

二氧化碳制甲醇是一种绿色环保的化学方法，目前在甲醇工业生产中广泛应用。它的原理是利用二氧化碳(CO_2)与氢气(H_2)在催化剂的作用下发生化学反应，生成甲醇(CH_3OH)和水(H_2O)：

$$CO_2+3H_2 \xrightleftharpoons[\text{高温高压}]{\text{催化剂}} CH_3OH+H_2O$$

其重要性在于可以将大量的二氧化碳转化为有价值的甲醇。这样既能减少二氧化碳的排放，助力“双碳”目标，也能满足甲醇的生产需求，推动新能源发展。因此，该方法具有广阔的应用前景，并有望成为可持续发展的重要技术之一。

以小组为单位对周边甲醇生产企业进行走访调研，了解不同企业生产甲醇的工艺流程和碳排放情况，并完成一份调查报告。

第一步：查阅

(1)了解甲醇合成方法的历史演变，学习甲醇合成的常见方法。

(2)了解“碳达峰”和“碳中和”政策。

(3)查阅相关企业基本的碳减排措施。

第二步:决策

我们的决策

调研的主题:

选择的企业:

调研框架及主要内容:

调研小组成员:

第三步:实施(调查报告范例)

×××企业甲醇合成工艺调查报告

调查背景及目的:

调查范围及地点:

调查方法及程序:

调查内容及分析:

[包括甲醛生产原料、工艺流程、工艺条件(反应温度和压强、催化剂)等,分析不同条件对化学反应速率和化学平衡的影响,了解企业在碳中和目标下的碳核算情况和减排措施]

结论与建议:

第四步：反思与改进

【思考与练习】

1. 下列关于化学反应速率的说法正确的是（　　）。

A. 化学反应速率是指一定时间内反应物的量的减少或生成物的量的增加

B. 化学反应速率为 $0.5 mol \cdot L^{-1} \cdot s^{-1}$ 是指 1s 末时某物质浓度为 0.5mol

C. 根据化学反应速率的大小可以知道化学反应进行的快慢

D. 对于任何化学反应，反应速率越大，反应现象就越明显

2. 下列食品添加剂中，其使用目的与化学反应速率有关的是（　　）。

A. 抗氧化剂　　　　B. 调味剂

C. 着色剂　　　　D. 增稠剂

3. 在一定条件下，使 NO 和 O_2 在一密闭容器中进行反应，下列说法中不正确的是（　　）。

A. 反应开始时，正反应速率最大，逆反应速率为零

B. 随着反应的进行，正反应速率逐渐减小，最后为零

C. 随着反应的进行，逆反应速率逐渐增大，最后不变

D. 随着反应的进行，正反应速率逐渐减小，最后不变

4. 下列能用勒夏特列原理解释的是（　　）。

A. 高温及加入催化剂都能使合成氨的反应速率加快

B. SO_2 催化氧化成 SO_3 的反应，往往需要使用催化剂

C. 红棕色的 NO_2 加压后颜色先变深后变浅

D. H_2、I_2、HI 平衡时的混合气体加压后颜色变深

5. 化学反应速率在工农业生产和日常生活中都有重要作用，请举例说明，并与同学们探讨化学反应速率是不是越快越好。

【任务评价】

见附录 1。

【思政微课堂】

碳达峰和碳中和

2020年9月，中国宣布二氧化碳排放力争于2030年前达到峰值，努力争取2060年前实现碳中和目标愿景后，全球应对气候变化的热情被重新点燃，中国成为国际上低碳实践的创新者、引领者。

“碳达峰”是指全球、国家、城市、企业等某个主体的碳排放达到最高点，此后由升转降。“碳中和”即净零排放，狭义指二氧化碳净零排放，广义也可指所有温室气体净零排放。将全球温升稳定在既定控温目标对应的水平上意味着全球“净”温室气体排放需要大致下降到零，即人为排放进入大气的温室气体和人为吸收的温室气体之间达到平衡，通常是全球、国家、地区、行业或部门在特定时间内（如一年内）达到平衡。

实现“双碳”目标，对于我国经济高质量发展，建设美丽中国，构建人类命运共同体都有非常现实和重要的意义。

资料来源：巢清尘.“碳达峰和碳中和”的科学内涵及我国的政策措施[J].环境与可持续发展，2021,46(2):14-19.

项目 4.2　水体污染及其净化

项目背景

水，是生命之源，也是生态之脉。然而，世界上很多水体却遭受着前所未有的污染侵袭，威胁着人类和生态系统的健康。水体污染，这个无声的杀手，已经悄然蔓延至全球的各个角落。

工业废水的排放、农业化肥的过量使用、城市垃圾的随意倾倒，这些都是导致水体遭受污染的主要元凶。它们让原本清澈的水源染上了一层厚厚的污垢，使水体变得浑浊不清。为了捍卫生命的源泉，净化水体的工作刻不容缓，我们必须从源头上遏制污染的产生，比如通过制定更为严格的排放标准，推广环保的生产方式，从而减少废水、废气、废渣的排放量。我们也可利用各种先进的净化技术，如沉淀、过滤、吸附、氧化还原等手段，清除水中的污染物，让水体恢复原本的纯净。

目标预览

1. 了解水体富营养化、氮循环和水的净化，能结合实际选择净水方案。
2. 掌握氮及其化合物的重要性质，能调查周边水体的富营养化现象。
3. 理解水的电离平衡、溶液 pH 和盐类水解的概念，能测定溶液 pH。

项目导学

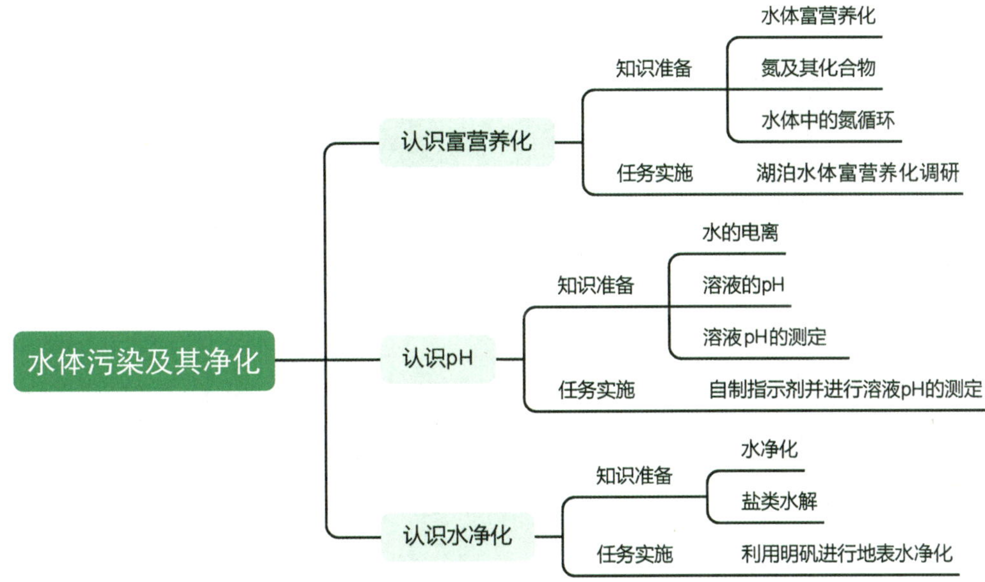

任务 4.2.1　认识富营养化

【任务描述】

我们已经知道氮是一种重要的营养元素，对于植物生长和微生物繁殖具有重要的作用。然而，过量的氮也会对水体造成负面影响，导致水体富营养化。在本任务中，我们将通过水体富营养化的学习，了解氮元素在水体中的转化，从氮的化合价变化，认识氮及其化合物的反应原理和转化条件，提升对物质性质的辨识能力、科学探究能力，培养社会责任感。

【知识准备】

知识点 1　水体富营养化

水体富营养化是一种 N、P 等植物营养物质含量过多所引起的水质污染现象，它的主要特征是 N、P 等营养物质富集，藻类及其他浮游生物大量繁殖，溶解氧下降，水面呈现不同颜色（淡水中称为水华、海水中称为赤潮），生物大量死亡，水质恶化。富营养化是全世界普遍发生的一种水体污染现象，特别是在湖泊和海湾处易发生（见图 4-16）。

图 4-16　水体富营养化

人为富营养化过程严重降低了水质，使其很难达到娱乐用水、城市用水及工农业用水的标准，使水体的可用率（养殖、饮用、景观等）大大下降。

知识点 2　氮及其化合物

一、氮气

（一）氮气的物理性质

氮气（N_2）是一种无色、无味的气体，是大气中最主要的成分之一，占据空气约 78%。

（二）氮气的化学性质

氮气的性质非常稳定，很难和其他物质发生化学反应。但在高温或放电条件下，氮分子获得了足够的能量，还是能与氢气、氧气、金属等物质发生化学反应。

1. 氮气与氧气的反应

在放电条件下，氮气可以直接和氧气反应生成无色的一氧化氮（NO）：

$$N_2 + O_2 \xlongequal{\text{放电}} 2NO$$

2. 氮气与氢气的反应

氮气与氢气在高温、高压和催化剂的作用下，可直接化合生成氨：

$$N_2 + 3H_2 \underset{\text{催化剂}}{\overset{\text{高温，高压}}{\rightleftharpoons}} 2NH_3$$

在雷雨天，大气中常有 NO 气体生成，通过闪电产生含氮化合物的过程称为**高能固氮**，这是自然固氮的一种途径。自然固氮的另一种途径为**生物固氮**，这种固氮是自然界中的一些微生物种群将空气中的氮气通过生物化学反应转化为含氮化合物的过程。自然固氮远远不能满足农业生产需求，因此在工业上通常用 N_2 和 H_2 反应合成氨生产各种化肥。

二、氨气

(一)氨气的物理性质

氨气是一种无色、有强烈刺激性气味的气体，它极易溶于水，常温、常压下 1 体积水可溶解 700 体积氨，形成的一水合氨($NH_3 \cdot H_2O$)很不稳定，受热会分解出氨气和水。

$$NH_3 + H_2O \rightleftharpoons NH_3 \cdot H_2O$$

氨气在常压下冷却到 -33.35℃，会凝结成无色液体，同时放出大量的热；液态氨气化时要吸收大量的热。早期的制冷剂就是用液态氨。

(二)氨气的化学性质

氨气具有碱性，能与酸反应。例如，取两根分别蘸有浓盐酸和浓氨水的玻璃棒，使两根玻璃棒靠近，可见有大量白烟，这白烟是微小的氯化铵晶体，如图 4-17 所示。其反应式为：

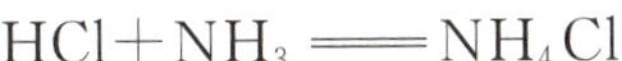

$$HCl + NH_3 = NH_4Cl$$

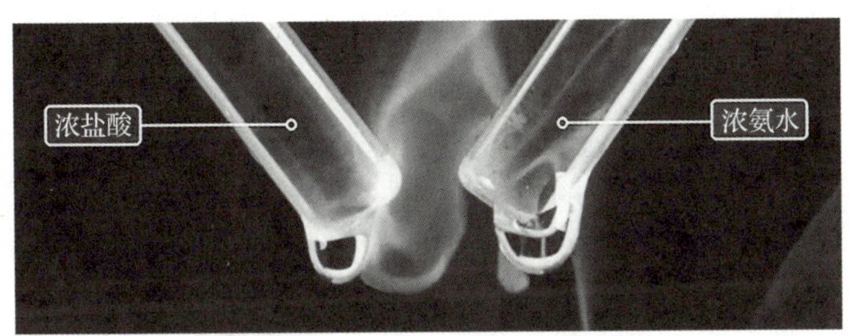

图 4-17 浓氨水和浓盐酸反应

氨气在空气中不能燃烧，但在纯氧中能燃烧生成 N_2 和 H_2O，同时发出黄色火焰。氨气对地球上的生物相当重要，它是肥料的重要成分，对农业生产的意义十分重大。此外，氨气还是一种重要的化工原料，可用来制造硝酸、铵盐、纯碱等。氨气也是制造尿素、纤维、塑料等有机合成产品的原料。

三、一氧化氮、二氧化氮及硝酸

由氮、氧两种元素组成的化合物称为氮氧化物，常见的氮氧化物有一氧化氮(NO，无色)、二氧化氮(NO_2，红棕色)、一氧化二氮(N_2O，也称笑气)、五氧化二氮

(N_2O_5)等,其中除五氧化二氮在常态下呈固态外,其他氮氧化物常温常压下都呈气态。

一氧化氮不溶于水,在常温下很容易与空气中的氧气反应生成二氧化氮。

$$2NO + O_2 = 2NO_2$$

NO_2 与水反应生成硝酸。纯硝酸为无色、容易挥发的液体,沸点约为 83℃,凝固点约为 -42℃,密度为 1.51g·mL^{-1}。

$$3NO_2 + H_2O = 2HNO_3 + NO$$

HNO_3 具有很强的酸性,是三大强酸之一。硝酸具有强氧化性,在常温下能与除金、铂等以外的所有金属反应,生成相应的硝酸盐。无论是浓硝酸还是稀硝酸,在常温下都能与铜发生反应。但浓硝酸在常温下会与铁、铝发生钝化反应,使金属表面生成一层致密的氧化物薄膜,阻止硝酸继续氧化金属。硝酸被用来制取一系列硝酸盐类氮肥,如硝酸铵、硝酸钾等;也被用来制取硝酸酯类或含硝基的炸药,如三硝基甲苯(TNT)、硝化甘油等。

【做一做】铜和硝酸反应

在橡胶塞侧面挖一个凹槽,并嵌入下端卷成螺丝状的铜丝。向两个具支试管中分别加入 2mL 浓硝酸和稀硝酸,用橡胶塞塞住试管口,使铜丝与硝酸接触,观察并比较实验现象,如图 4-18 所示。化学反应方程式为:

$$3Cu + 8HNO_3(稀) = 3Cu(NO_3)_2 + 2NO\uparrow + 4H_2O$$

$$Cu + 4HNO_3(浓) = Cu(NO_3)_2 + 2NO_2\uparrow + 2H_2O$$

(a)浓硝酸与铜反应

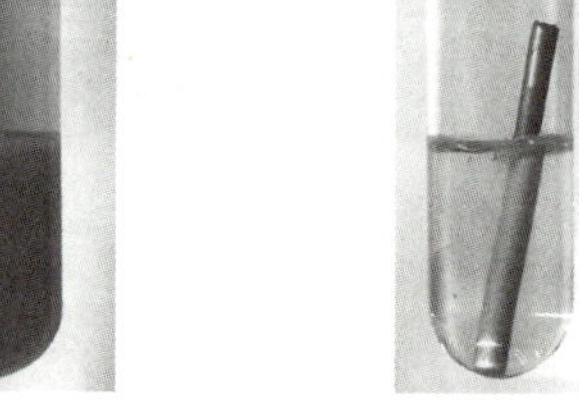

(b)稀硝酸与铜反应

图 4-18 硝酸与铜反应

知识点 3 水体中的氮循环

水体中的氮循环是指氮元素在水体中不断转化和转移的过程。氮是水体中生物体生命活动所必需的重要元素之一。氮循环包括氮的沉降、氮的固定、氮的硝化、氮的反硝化、氮的溶解、氮的沉降和沉积六个过程(见图 4-19)。

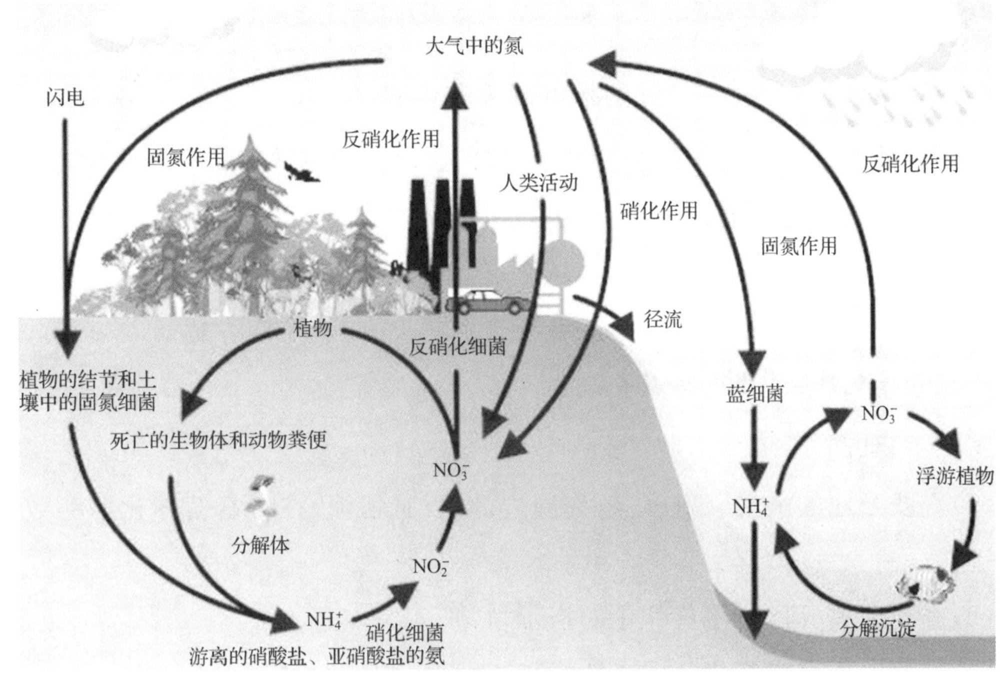

图 4-19 水体中的氮循环

氮的沉降是指大气中的氮通过降雨等方式进入水体的过程。大气中的氮主要以氮气(N_2)的形式存在，通过降雨，氮化合物(如氨气、硝酸盐等)溶解在水体中，从而完成氮的沉降过程。氮的沉降是水体中氮循环的起始阶段。

氮的固定是指将大气中的氮气转化为水体中的氮化合物的过程。氮的固定主要通过生物固定和非生物固定两种方式进行。

氮的硝化是指氨气或有机氮化合物转化为硝酸盐的过程。氮的硝化是水体中氮循环的重要环节，它将有机氮化合物中的氮转化为可被植物吸收利用的无机氮化合物。

氮的反硝化是指硝酸盐还原为氮气的过程。氮的反硝化将水体中的硝酸盐还原为氮气，从而维持了水体中氮的平衡。

氮的溶解是指氮化合物在水体中的溶解和扩散的过程。水体中的氮化合物主要以氨气、硝酸盐和有机氮化合物的形式存在。

氮的沉降和沉积是指水体中的氮化合物沉降到水底并沉积下来的过程。水体中的氮化合物主要通过生物作用和物理过程沉降到水底。氮的沉降和沉积是水体中氮循环的最终阶段，它将水体中的氮化合物固定在沉积物中，从而完成了氮的循环过程。

水体中的氮循环六个过程相互作用，共同维持了水体中氮元素的平衡。

【任务实施】

湖泊水体富营养化调研

水体富营养化是指由于过量营养物质输入，特别是氮和磷，导致生态系统中藻类和水生植物生长过度的现象。这种生态失衡可以引发一系列环境问题，包括水质下降、水生生物减少以及有害藻华的出现。近年来，全球水体富营养化现象依然严重，对区域生态平衡造成了严重威胁。请走进大自然，了解身边的湖泊(河流)是否存在富营养化现象，并撰写调查报告。

第一步：查阅

(1)查找当地的水文资料，了解你周边的湖泊(河流)往年富营养化监测数据与评价资料。

(2)查找湖泊(河流)富营养化的指示植物。

(3)查找水体富营养化的代表性指标。

第二步：决策

我们的决策

选择调研的河流(湖泊)名称：

选择的仪器和试剂：

实施步骤：

第三步：实施

写一份调研报告进行分享。评估当前该水体的富营养化程度，从生态环境、社会经济发展角度分析影响水体富营养化情况的因素并提出合理的应对方案。

第四步：反思与改进

【思考与练习】

1. 下列现象的产生与人为排放氮氧化物无关的是(　　)。

A. 闪电　　B. 酸雨

C. 光化学烟雾　　D. 臭氧空洞

2. 下列有关氮气的叙述中错误的是(　　)。

A. 氮气可作贮存水果、粮食的保护气

B. 氮的非金属性比磷强,所以氮气的化学性质比磷活泼

C. 在雷雨天,空气中的 N_2 和 O_2 反应生成 NO

D. 氮气既可作氧化剂,又可作还原剂

3. 氨的喷泉实验体现出的氨的性质有(　　)。

A. 还原性　　B. 极易溶于水

C. 与水反应生成碱性物质　　D. 氨气比空气轻

4. 将 8mL NO_2 和 O_2 的混合气体通入倒立于水槽中装满水的量筒,充分反应后,剩余气体为 1mL,求原混合气体中 NO_2 和 O_2 的体积比。

5. 化肥、炼油、稀土、钢铁等工业都会排放高浓度的氨氮废水。氨氮废水是造成河流及湖泊富营养化的主要因素,人们正不断寻求处理氨氮废水的高效措施。

若某氮肥厂产生的氨氮废水中的氮元素多以 NH_4^+ 和 $NH_3 \cdot H_2O$ 的形式存在,请你设想该废水的处理方案,并给出理由。

【任务评价】

见附录 1。

任务 4.2.2　认识 pH

【任务描述】

我们已经知道水体污染对环境和人类健康都有很大的影响。水质净化时，pH 是一个关键的参数，其大小会影响水处理效果。通过本节学习，我们要了解 pH 与酸度或碱度的关系，掌握 pH 的简单计算，会正确使用 pH 试纸或酸度计测定 pH，能够设计简单的实验来测量物质的 pH，并分析实验结果。通过实验探究，提升科学探究能力和学以致用的能力。

【知识准备】

知识点 1　水的电离

实验证明，经过很多次纯化处理所制得的水仍然具有导电性。这说明纯水中存在着能自由移动的离子。经分析得知纯水中存在 H^+ 和 OH^-，它们是由水分子电离产生的。水的电离方程式为：

$$H_2O \rightleftharpoons H^+ + OH^-$$

水的电离在一定条件下可以达到电离平衡，根据化学平衡原理可知：

$$K_w = [H^+] \cdot [OH^-]$$

K_w 称为**水的离子积常数**，简称**水的离子积**。在一定温度下，K_w 是一个常数；在不同温度下，K_w 的数值有所不同。水的电离是吸热过程，所以升温有利于水的电离，水的离子积也随之增大。实验测得，25℃时纯水中的$[H^+]$和$[OH^-]$都是 $1.0\times10^{-7}mol \cdot L^{-1}$，由此计算得到 25℃时的 K_w 为 $1.0\times10^{-14}mol^2 \cdot L^{-2}$。室温下 K_w 一般也取这个数值。不同温度下水的离子积常数如表 4-2 所示。

表 4-2　不同温度下水的离子积常数

t/℃	$K_w/(mol^2 \cdot L^{-2})$	t/℃	$K_w/(mol^2 \cdot L^{-2})$
25	1.0×10^{-14}	80	2.5×10^{-13}
55	7.3×10^{-14}	100	5.5×10^{-13}

K_w 的数值很小，由此可知水的电离程度很小，水中存在的微粒主要是水分子。

知识点 2 溶液的 pH

研究表明，在酸性溶液中也存在着 OH^-，只是 H^+ 的浓度比 OH^- 的浓度大；在碱性溶液中也存在着 H^+，只是 OH^- 的浓度比 H^+ 的浓度大。水溶液的酸碱性与 $[H^+]$ 和 $[OH^-]$ 的相对大小的关系为：

$[H^+]>[OH^-]$，溶液呈酸性，且 $[H^+]$ 越大，酸性越强。

$[H^+]=[OH^-]$，溶液呈中性。

$[H^+]<[OH^-]$，溶液呈碱性，且 $[OH^-]$ 越大，碱性越强。

在实际应用中，人们常用 pH 来表示溶液的酸碱度（见图 4-20）。

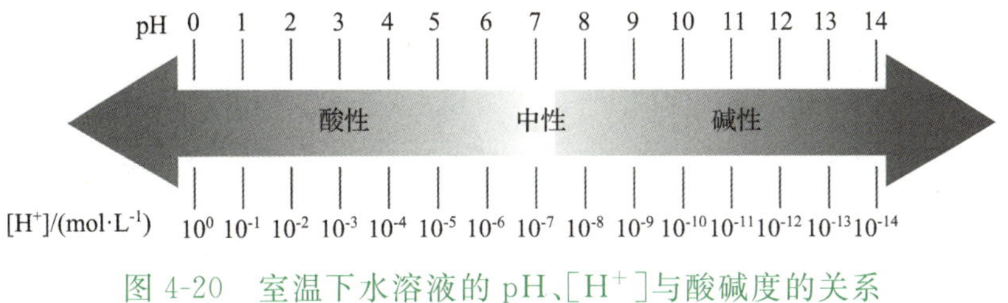

图 4-20 室温下水溶液的 pH、$[H^+]$ 与酸碱度的关系

【例】 室温条件下，测得强碱 NaOH 溶液的浓度为 $1.0\times10^{-3}\ mol\cdot L^{-1}$，计算该溶液的 pH。

解

$$NaOH = Na^+ + OH^-$$

$c/(mol\cdot L^{-1})$ $\quad 1.0\times10^{-3} \quad 1.0\times10^{-3}$

因为 $K_w=[H^+]\cdot[OH^-]$

所以 $[H^+]=\dfrac{K_w}{[OH^-]}$

$$pH=-lg[H^+]$$

$$=-lg\frac{K_w}{[OH^-]}$$

$$=-lg\frac{1.0\times10^{-14}}{1.0\times10^{-3}}$$

$$=11.0$$

答：该溶液的 pH 为 11.0。

注：由于水电离产生的 H^+ 和 OH^- 很少，当酸溶液和碱溶液的浓度不是很小时，可以忽略溶剂水电离所产生的 H^+ 和 OH^-。

知识点 3 溶液 pH 的测定

测定溶液的 pH 有多种方法，可以根据检测要求的精确度选用不同的方法。酸碱指示剂是常用的指示溶液酸碱性的试剂。若检测要求精确，可以用 pH 计(也称酸度计)等仪器进行测定。

若检测要求不高，可简单地使用 pH 试纸、石蕊试纸等，这些试纸在不同酸碱度的溶液里，显示不同的颜色。测定时，把待测溶液滴在 pH 试纸上，然后把试纸显示的颜色跟标准比色卡对照，便可知道溶液的大致 pH。

常见用于测量 pH 的 pH 试纸、检测笔及酸度计，如图 4-21 所示。

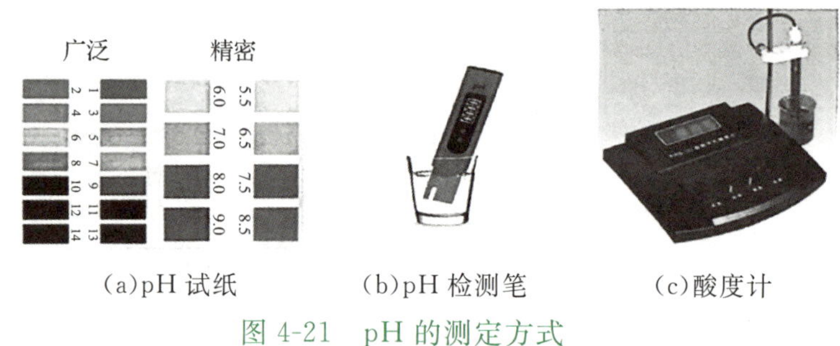

(a)pH 试纸　(b)pH 检测笔　(c)酸度计

图 4-21　pH 的测定方式

【任务实施】

自制指示剂并测定溶液 pH

在环保领域，pH 是一个非常重要的参数。当水体的 pH 偏离 7 时，可能会对水生生物产生影响。当大气降水 pH 小于 5.6 时，则会形成酸雨。而土壤 pH 直接影响土壤中营养元素的溶解度和可供植物吸收的程度。

在本任务中，你将通过 pH 试纸、pH 计或自制酸碱指示剂，测定当地湖泊(河流)、大气降水和土壤的 pH，了解当地的环境现状。

第一步：查阅

(1)了解 pH 的测定方法。

(2)了解自制指示剂的制作方法。

第二步：决策

我们的决策

选择的 pH 测定方法：

选择的仪器和试剂：

实施步骤：

第三步：实施（以精密 pH 试纸测定雨水 pH 为例）

（1）在取样瓶中加入约 50mL 雨水样品。

（2）取出精密 pH 试纸，撕下一小段（约 1.5cm），放置于白色背景板上。

（3）使用玻璃棒将雨水样品滴在 pH 试纸上。

（4）等待颜色变化（2～3 秒）。将试纸与标准比色卡进行对照，找到雨水样品对应的颜色，记录其 pH。

第四步：反思与改进

【思考与练习】

1. 生活中一些常见食物的 pH 如下：

食物	豆浆	牛奶	葡萄汁	苹果汁
pH	7.4～7.9	6.3～6.6	3.5～4.5	2.9～3.3

人体疲劳时血液中产生较多的乳酸，使体内 pH 减小。为缓解疲劳，需补充上述食物中的（　　）。

A. 苹果汁　　B. 葡萄汁　　C. 牛奶　　D. 豆浆

2. 在相同物质的量浓度的下列溶液中，pH 最大的是（　　）。

A. KOH　　B. HCl　　C. $NH_3 \cdot H_2O$　　D. CH_3COOH

3. 常温下，某地土壤的 pH 约为 8，则土壤中的 $c(OH^-)$ 最接近于（　　）。

A. 1×10^{-5} mol·L^{-1}　　B. 1×10^{-6} mol·L^{-1}

C. 1×10^{-8} mol·L^{-1}　　D. 1×10^{-9} mol·L^{-1}

4. 99℃时，水的离子积为 1×10^{-12}，若该温度下某溶液中的 H^+ 浓度为 1×10^{-7} mol·L^{-1}，则该溶液是（　　）。

A. 酸性　　B. 碱性　　C. 中性　　D. 无法判断

5. 如果某农田因长期使用氨肥后显酸性，请根据所学知识提出解决方案。

【任务评价】

见附录 1。

任务 4.2.3　认识水净化

【任务描述】

在自然环境中，水净化主要依靠自然界的自我净化机制，而在人工净水中，需要通过各种物理和化学方法去除水中的杂质和有害物质。盐的水解常被应用于水净化过程中。在本任务中，我们会通过明矾净水等典型案例，学习盐类水解的原理，探究盐类水解的规律；认识化学反应中的动态平衡，树立环保意识，形成可持续发展观念。

【知识准备】

知识点 1　水净化

水净化是指通过物理或化学方法去除水中的污染物，使水达到特定的质量指标，以满足不同的使用需求。水净化可以通过多种方式进行，如离子交换、活性炭吸附、反渗透等，如图 4-22 所示。

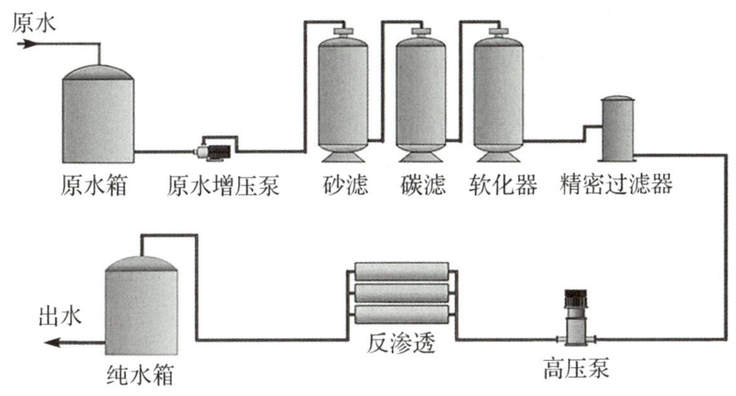

图 4-22　水净化流程

在日常生活中，水净化通常用于处理自来水，以去除其中的细菌、病毒、余氯、铁锈、泥沙、重金属离子等有害物质，从而获得更安全、健康的饮用水。净水器是一种常见的家用净水设备，它可以通过过滤、吸附等手段去除水中的杂质，提供洁净的饮用水。

总的来说，水净化对于人类生活非常重要，它可以确保水的安全性，防止因饮用不洁净的水而导致的各种健康问题。

知识点 2　盐类水解

盐的水溶液都呈中性吗？

【做一做】 盐溶液酸碱性探究

用 pH 试纸分别测定 $0.5mol \cdot L^{-1}$ NaCl、CH_3COONa、NH_4Cl 溶液的酸碱性。

实验表明，NaCl 溶液 pH＝7，呈中性；CH_3COONa 溶液 pH＞7，呈碱性；NH_4Cl 溶液 pH＜7，呈酸性。

由此可知，盐的水溶液并非都呈中性，也可能呈酸性或碱性。

盐的加入可能破坏纯水中$[H^+]$与$[OH^-]$的等量关系。现以 CH_3COONa 溶液和 NH_4Cl 溶液为例分析这种等量关系是如何改变的。

CH_3COONa 溶液中存在着下列过程：

$$CH_3COONa = Na^+ + CH_3COO^-$$

$$+$$

$$H_2O \rightleftharpoons OH^- + H^+$$

$$\Updownarrow$$

$$CH_3COOH$$

平衡正向移动 →

醋酸钠电离产生的CH_3COO^-可以与水中的H^+结合成弱电解质CH_3COOH分子，使水的电离平衡向电离的方向移动，最终导致溶液中$[OH^-]$大于$[H^+]$，因而CH_3COONa溶液呈碱性。这一过程通常表示为：

$$CH_3COO^- + H_2O \rightleftharpoons OH^- + CH_3COOH$$

而在NH_4Cl溶液中存在着下列过程：

$$NH_4Cl = Cl^- + NH_4^+$$

$$+$$

$$H_2O \rightleftharpoons H^+ + \quad OH^-$$

$$\xrightarrow[\text{平衡正向移动}]{} \qquad \Downarrow\Uparrow$$

$$NH_3 \cdot H_2O$$

氯化铵电离产生的NH_4^+可以与水中的OH^-结合成弱电解质$NH_3 \cdot H_2O$分子，使水的电离平衡向电离的方向移动，最终导致溶液中$[H^+]$大于$[OH^-]$，因而NH_4Cl溶液呈酸性。这一过程通常表示为：

$$NH_4^+ + H_2O \rightleftharpoons NH_3 \cdot H_2O + H^+$$

以上在溶液中由盐电离产生的弱酸酸根离子或弱碱阳离子与水中的H^+或OH^-结合生成弱电解质的过程，叫作**盐类的水解**。盐类的水解在水溶液中可以建立一类重要的化学平衡——**水解平衡**。

在盐的水溶液中，若某种盐电离产生的离子有弱酸酸根离子，弱酸酸根离子的水解会导致溶液中OH^-的浓度增大；弱酸的酸性越弱，其酸根离子的水解能力就越强，相应弱酸盐溶液中OH^-的浓度增大得就越多。若某种盐电离产生的离子有弱碱阳离子，弱碱阳离子的水解会导致溶液中H^+的浓度增大；弱碱的碱性越弱，其阳离子的水解能力就越强，相应弱碱盐溶液中H^+的浓度增大得就越多。

多元弱酸酸根离子的水解与CH_3COO^-的水解相似，但却是分步进行的。例如，碳酸钠水解时发生的离子反应为：

$$CO_3^{2-} + H_2O \rightleftharpoons OH^- + HCO_3^-$$

$$HCO_3^- + H_2O \rightleftharpoons OH^- + H_2CO_3$$

【任务实施】

利用明矾进行地表水净化

地表水的净化方法包括物理、化学和生物等多种方法，如絮凝、澄清、过滤、活性炭吸附、反渗透、紫外线消毒等。这些方法既可以单独使用，也可以组合使用，以达到更好的净化效果。通过本任务实施，你将了解明矾的化学成分和性质，进一步掌握胶体的聚沉原理，熟悉搅拌、静置、沉淀、过滤等操作；在明矾净水过程中，可能会遇到水质较差、净水效果不明显、沉淀物过多等问题，需要你结合实际情况进行分析，及时调整。

第一步：查阅

(1)了解水体净化的方法。

(2)了解常见的水质指标。

(3)了解浊度计的使用。

第二步：决策

我们的决策

选择的净水方法和检测指标：

选择的仪器和试剂：

实施步骤：

第三步：实施(以明矾净水为例)

(1)取 300mL 地表水。

(2)研磨明矾晶体。

(3)加入 0.5g 明矾粉末，搅拌。

(4)静置，观察水中固体颗粒物的沉降过程，记录实验现象。

(5)对比净水前后地表水的浊度。

第四步：反思与改进

【思考与练习】

1. 自来水生产流程为取水→沉降→过滤→吸附→杀菌消毒，涉及化学反应的步骤是（　　）。

A. 取水　　B. 过滤

C. 吸附　　D. 杀菌消毒

2. 下列物质的水溶液因水解呈酸性的是（　　）。

A. $NaOH$　　B. Na_2CO_3

C. NH_4Cl　　D. HCl

3. 下列各式中属于正确的水解反应离子方程式的是（　　）。

A. $CH_2COOH + OH^- \rightleftharpoons CH_3COO^- + H_2O$

B. $S^{2-} + 2H_2O \rightleftharpoons H_2S + 2OH^-$

C. $HCO_3^- + H_2O \rightleftharpoons CO_3^{2-} + H_3O^+$

D. $NH_4^+ + H_2O \rightleftharpoons NH_3 \cdot H_2O + H^+$

4. 铝盐为什么能作为净水剂？请写出有关的离子方程式。

5. 请利用所学知识，自制一个简易净水器（可参照图 4-23）。

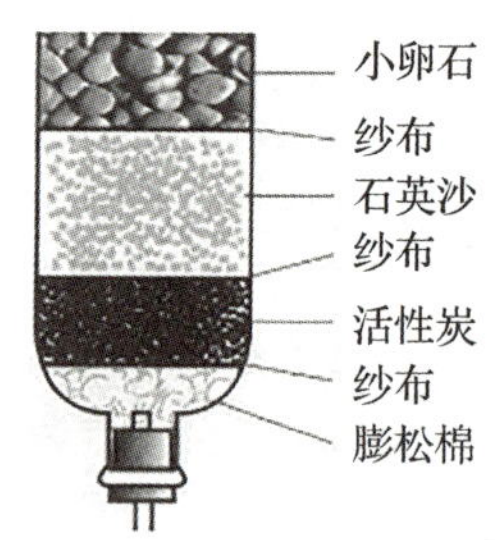

图 4-23　简易净水器

【任务评价】

见附录 1。

【思政微课堂】

绿水青山就是金山银山——浙江省在行动

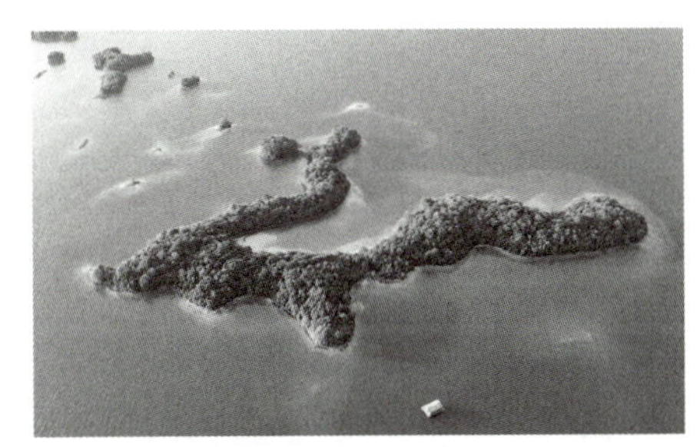

2013年底，浙江省委、省政府作出了治污水、防洪水、排涝水、保供水、抓节水的“五水共治”决策部署，以治水为突破口，倒逼产业转型升级，开展了“清三河”“剿灭劣Ⅴ类水”和“‘美丽河湖’创建”等一系列治污行动，治理1.1万公里垃圾河、黑河、臭河，实现由“脏”到“净”的转变；全面消除劣Ⅴ类水体，实现由“净”到“清”的转变；夯实截污纳管等基础性工作，推进生态治水，实现从“清”到“美”的提升。截至2025年，全省累计治理河流长度达到4.9万公里，综合治理水土流失面积扩展至12027平方公里。同时，495个高品质水美乡村应运而生，1.1万余公里的滨水绿道得以贯通，成功串联起4400余处滨水公园和亲水节点，为城乡居民打造了便捷的15分钟亲水圈，覆盖率高达85%。

项目 4.3　土壤污染及其修复

项目背景

土地是重要的自然资源之一，土壤质量的状况对国家的农业生产、环境保护和可持续发展具有重要影响。健康的土壤不仅是食品安全的基本要求，也是人类健康的根本保障。近年来，国家对土地资源及其保护的重视程度不断提升，相继出台了一系列土壤保护政策和法规，包括土壤污染防治法和土壤环境质量标准等等。为全面了解我国土壤的状况和变化规律，为农田土壤质量评价、农田环境保护和农业生产提供科学依据，自 2022 年起国家开展了第三次全国土壤普查工作。本项目将从土壤污染现状开始，认识铜、钙等金属对土壤的影响，认识并探究土壤修复的方法和手段。

目标预览

1. 理解土壤污染的概念，了解常见的土壤修复技术，能开展土壤及修复情况的调研。

2. 掌握铜及其化合物的重要性质，能进行土壤中铜离子含量的检测。

3. 掌握钙及其化合物的重要性质，能进行碳酸钙含量的测定。

项目导学

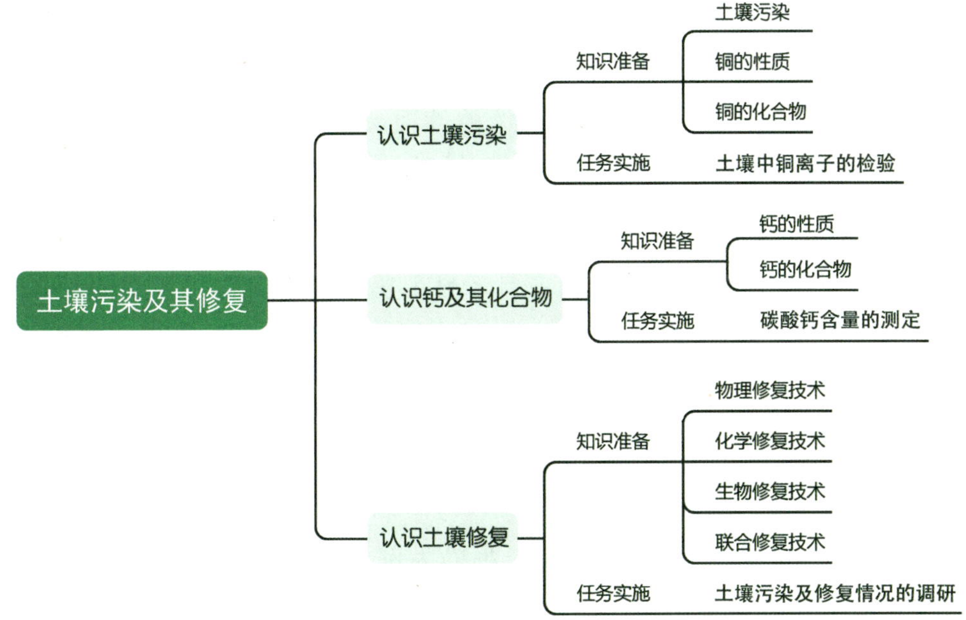

任务 4.3.1 认识土壤污染

【任务描述】

土壤作为人类生活中最重要的自然资源之一，是经济社会可持续发展的重要基础物质。随着现代工农业生产的发展，化肥、农药的大量使用，工业生产废水排入农田，城市污水及废物不断排入土体，这些环境污染物的排放数量和速度超过了土壤的承受容量和净化速度，从而破坏了土壤的自然动态平衡，使土壤质量下降，造成土壤的污染。在本任务中，我们将学习土壤重金属污染物——铜及其化合物的主要性质；通过采样、预处理和分析检测完成土壤中铜离子的测定任务，提高专业技术能力和职业素养。

【知识准备】

知识点 1 土壤污染

土壤污染是指人类活动中所产生的污染物质通过各种途径进入土壤，其数量超过了土壤的容纳和同化能力，而使土壤的性质、组成及性状发生变化，并导致土壤的自然功能失调、土壤质量恶化的现象。污染物种类多样，根据其特性可以分为四类：有机污染物、重金属污染物、放射性元素和病原微生物。有机污染物主要源自化学农药的使用，重金属污染物则主要来自工业废水排放和大气中的沉降物，放射性元素多来源于核工业和核电站的废弃物排放，而病原微生物则主要由污水灌溉引入。

在四类污染物中，重金属污染物在土壤中的迁移性极低，不易随水分淋失，且不易被微生物分解。一旦通过食物链进入人体，其潜在的危害性极大，已成为全球范围内主要的环境问题之一。以铜离子污染为例，电镀、冶金、化工等行业的排放是铜离子污染的主要源头。在农业生产过程中，若过度使用含铜杀菌剂，亦可能导致土壤遭受污染。铜离子的过量存在会改变土壤的理化特性。植物吸收过量的铜离子后，其根系的生长将受到抑制。而若人体过量摄入铜离子，则可能诱发肝硬化、肾功能衰竭等严重疾病。

知识点 2 铜的性质

一、铜的物理性质

铜单质在常温下呈现(紫)红色，硬度较小，密度 8.96g·cm^{-3}，熔点 1083.4℃。铜具有很好的导电、导热和延展性，1g 铜可以拉成 3000m 长的细丝，或压成 $10m^2$ 以上的铜箔，因此可以用作电缆、电路板的材料，大量应用于电子、电气和电信行业。此外，铜因其良好的耐腐蚀性而被广泛应用于水管、龙头、化工和医药容器、反应釜及各类装饰和工艺品中，如图 4-24 所示。

黄铜、青铜和白铜是常见的铜合金，它们是以纯铜为基体加入其他元素所构成的合金，在硬度、强度、耐磨性、耐腐蚀性等方面更优于纯铜，更加适用于各种特定的工业领域和应用场合。

图 4-24　金属铜

二、铜的化学性质

铜是一种过渡金属元素，化学符号 Cu，原子序数 29，其常见的化合价有+1、+2 价，其中以+2 价为主。

(一)铜与非金属反应

铜和氧气在加热或者点燃的条件下反应，生成黑色固体氧化铜。铜的化学性质很稳定，在空气中反应现象不明显。在纯氧中点燃的反应较剧烈，放出大量的热，火焰呈绿色：

$$2Cu+O_2 \xlongequal{点燃} 2CuO$$

铜和氯气反应燃烧剧烈，产生棕黄色的烟，加少量水后，溶液呈蓝绿色，加足量水后，溶液完全显蓝色：

$$Cu+Cl_2 \xlongequal{点燃} CuCl_2$$

铜和硫在加热条件下缓慢反应，反应后有黑色固体生成：

$$2Cu+S \xlongequal{\triangle} Cu_2S$$

铜长期暴露在潮湿空气中会生成铜绿[$Cu_2(OH)_2CO_3$]，这也是铜质器具受腐蚀的主要原因：

$$2Cu+CO_2+O_2+H_2O \xlongequal{} Cu_2(OH)_2CO_3$$

(二)铜与酸反应

铜不与非氧化性酸(如盐酸、稀硫酸)反应，只与氧化性酸(浓硫酸、硝酸)反应：

$$Cu+2H_2SO_4(浓) \xlongequal{\triangle} CuSO_4+SO_2\uparrow+2H_2O$$

$$Cu+4HNO_3(浓) \xlongequal{} Cu(NO_3)_2+2NO_2\uparrow+2H_2O$$

$$3Cu+8HNO_3(稀) \xlongequal{} 3Cu(NO_3)_2+2NO\uparrow+4H_2O$$

(三)铜与盐溶液反应

铜能与活动性顺序比它靠后的盐发生置换反应：

$$Cu+2AgNO_3 \xlongequal{} Cu(NO_3)_2+2Ag$$

氯化铁中的 Fe 元素为+3 价，具有强氧化性，铜会将 Fe^{3+} 还原成 Fe^{2+}：

$$Cu+2FeCl_3 \xlongequal{} CuCl_2+2FeCl_2$$

知识点3 铜的化合物

一、氧化铜和氧化亚铜

氧化铜(CuO)是铜和氧反应生成的一种铜化合物。氧化铜是一种黑色固体，也是一种良好的催化剂，在化工和环境领域中有着广泛应用[见图 4-25(a)]。

氧化亚铜(Cu_2O)也被称为亚铜氧化物，是铜和氧反应生成的一种红色固体。氧化亚铜是一种半导体材料，具有良好的导电性和光学性质。此外，氧化亚铜还具有一定的光催化活性，在光催化分解水和二氧化碳还原等领域有广泛应用[见图 4-25(b)]。

(a)氧化铜

(b)氧化亚铜

图 4-25 氧化铜和氧化亚铜固体

氧化铜和氧化亚铜最常用的制备方法之一是热分解法，通常将铜盐溶液或沉淀加热至适当温度，通过控制反应时间和温度来控制产物。

二、氢氧化铜

氢氧化铜是一种蓝色絮状沉淀，如图 4-26 所示，难溶于水，微毒，可作为催化剂、媒染剂、颜料、游泳池消毒剂等等。氢氧化铜受热分解，微显两性，但以弱碱性为主，可溶于酸：

图 4-26 氢氧化铜固体

$$Cu(OH)_2 \xlongequal{\triangle} CuO + H_2O$$

$$Cu(OH)_2 + 2H^+ = Cu^{2+} + 2H_2O$$

氢氧化铜还可以溶于氨水生成深蓝色四氨合铜络合物：

$$Cu(OH)_2 + 4NH_3 \cdot H_2O = [Cu(NH_3)_4](OH)_2 + 4H_2O$$

三、硫酸铜

硫酸铜又叫无水硫酸铜，为白色或灰白色粉末(见图 4-27)。硫酸铜在潮湿空气中易潮解，在高温下形成黑色氧化铜。硫酸铜与石灰乳混合可得农药“波尔多”

溶液，用作杀虫剂。硫酸铜也是电解精炼铜时的电解液。硫酸铜属于重金属盐，若误食应立即大量食用牛奶、鸡蛋清等富含蛋白质的食品，或者使用 EDTA 钙钠盐解毒。

无水硫酸铜固体遇水由白色变蓝色，生成五水硫酸铜（$CuSO_4 \cdot 5H_2O$），可检验化学反应中水的存在或生成。五水硫酸铜（$CuSO_4 \cdot 5H_2O$）俗称胆矾，又称蓝矾，$CuSO_4$ 与 $CuSO_4 \cdot 5H_2O$ 都是纯净物。

(a)无水硫酸铜粉末

(b)五水硫酸铜晶体

图 4-27　硫酸铜固体

【做一做】冶炼金属铜

孔雀石是一种常见铜矿石，其主要成分是碱式碳酸铜[$Cu_2(OH)_2CO_3$]，工业上可用孔雀石为原料冶炼金属铜。现按照如图 4-28 所示两个步骤，完成实验室单质铜的制备。

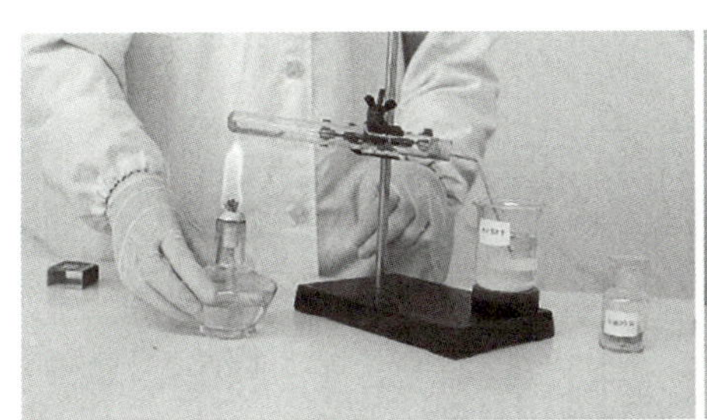

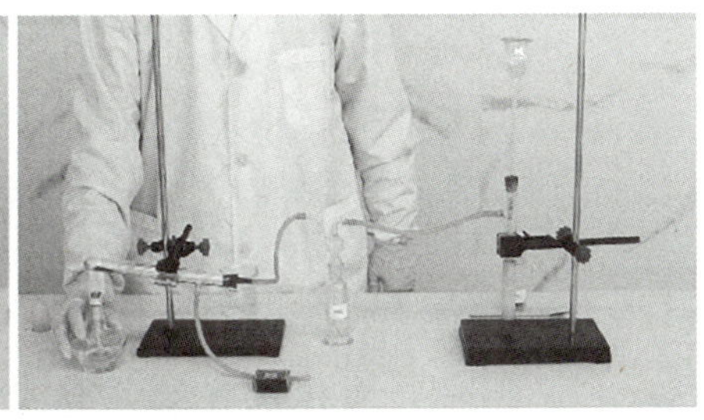

图 4-28　制金属铜的实验装置

实验视频 4-8：冶炼金属铜

步骤 1：将孔雀石研磨后放入试管底部，管口略向下倾斜，用酒精灯加热。

步骤 2：实验室里通常用稀硫酸跟金属锌反应来制取氢气；将其通入步骤 1 的试管中并加热。

完成实验并记录现象，分析原理，填写下表。

实验步骤	实验现象	实验原理（方程式）
步骤 1		
步骤 2		

【任务实施】

土壤中铜离子的检验

土壤中的铜离子来源于多种途径，如工业废水排放、农药使用等。土壤中铜离子的检验对于土壤质量评估、制定土壤修复方案等具有重要意义。

第一步：查阅

(1)查阅土壤样品的预处理方法。

(2)了解铜离子的检验方法。

第二步：决策

我们的决策

选择的检验方法：

需要的仪器和试剂：

实施步骤：

第三步：实施(以"硫化钠"试剂法检验为例)

(1)土壤样品采集。选择具有代表性的土壤区域，使用干净的采样工具采集适量土壤样品，装入密封容器并带回实验室。

(2)样品处理。将采集到的土壤样品晾干，研磨至细粉状，过筛去除杂质，称取一定质量(如 10g)的土壤样品放入烧杯中。

(3)溶液配制。向烧杯中加入适量的去离子水(约 50mL)，用玻璃棒搅拌使土壤充分分散，静置一段时间后，用滤纸过滤，取上清液备用。

(4)反应操作。取少量上清液(约 10mL)于试管中，加入少量硫化钠溶液(2～3滴)，观察试管内溶液的变化情况。

(5)结果判断。若溶液中出现黑色沉淀，说明土壤中含有铜离子；若无明显现象，则说明土壤中可能不含铜离子或铜离子含量极低。

第四步:反思与改进

____

____

【思考与练习】

1. 据《本草纲目》记载:“生熟铜皆有青,即是铜之精华,大者即空绿,以次空青也。铜青则是铜器上绿色者,淘洗用之。”这里的“铜青”是指(　　)。

A. CuO　　B. Cu_2O　　C. Cu　　D. $Cu_2(OH)_2CO_3$

2. 铜在自然界多以化合态的形式存在于矿石中。常见的铜矿石有:黄铜矿($CuFeS_2$)、斑铜矿(Cu_5FeS_4)、辉铜矿(Cu_2S)、孔雀石[$Cu_2(OH)_2CO_3$]。下列说法不正确的是(　　)。

A. 可用稀盐酸除去铜器表面的铜绿

B. 硫酸铜溶液可用作游泳池的消毒剂

C. 工业上常采用电解法制取粗铜

D. 在上述几种铜矿石中,铜的质量分数最高的是辉铜矿

3. 某同学欲通过实验探究铜及其化合物的性质,操作正确且能达到目的的是(　　)。

A. 将铜粉和硫粉混合均匀并加热以制取 CuS

B. 向 Cu 与过量浓硫酸反应后的试管中加水以观察 $CuSO_4$ 溶液的颜色

C. 向 $CuSO_4$ 溶液中加入适量的 $NaOH$,过滤、洗涤并收集沉淀,充分灼烧以制取 CuO

D. 常温下将铜丝伸入盛有氯气的集气瓶中,观察 $CuCl_2$ 的颜色

4. 将 1.92g 铜粉与一定量的浓硝酸反应,当铜粉完全反应时收集到气体 1.12L(标况下),问:所消耗的硝酸的物质的量是多少?

5. 试了解铜在人体中的作用以及生产生活中的应用,结合土壤重金属铜离子的污染,辩证看待铜的作用。

【任务评价】

见附录1。

任务 4.3.2 认识钙及其化合物

【任务描述】

钙是植物生长必需的营养元素，利用生石灰、硅酸钙等含钙物质对土壤进行改良，能够改善土壤的结构，有效保障植物的生长环境。但过量的钙会导致土壤酸度降低，对植物根系产生一些不良影响。在本任务中，我们将学习钙及其化合物的主要性质；了解土壤中有效钙的检测方法和原理；通过土壤中钙的检测，提高现象观察、数据分析以及综合实践能力，培养职业素养和职业技能。

【知识准备】

知识点 1 钙的性质

一、钙的物理性质

钙是银白色、质稍软的金属，有金属光泽，如图 4-29 所示。属于元素周期表中ⅡA 族碱土金属元素，熔点 842℃，沸点 1484℃。

图 4-29 金属钙

二、钙的化学性质

钙的化学性质较为活泼，因此在自然界中多以化合物形式存在。常温下，单质钙在空气中表面上会形成一层氧化物薄膜，可防止继续受到腐蚀。

$$2Ca+O_2 = 2CaO$$

钙在加热条件下可与大多数非金属反应，如与氟、氯、溴、碘等单质反应生成相应卤化物，与氢气在 400℃催化剂作用下生成氢化钙(CaH_2)，和碳在高温下反应生成碳化钙(CaC_2)等。常温下跟水反应生成氢氧化钙并放出氢气，跟盐酸、稀硫酸等反应生成盐和氢气。

$$Ca+2H_2O = Ca(OH)_2+H_2\uparrow$$

$$Ca+2HCl = CaCl_2+H_2\uparrow$$

金属钙在加热时几乎能还原所有金属氧化物，在熔融时也能还原许多金属氯化物。因此金属钙可作为还原剂，用于化工反应中，如制备金属钛和金属锆等。

$$TiCl_4 + 2Ca \xlongequal{高温} Ti + 2CaCl_2$$

炼制锡青铜、镍、钢时，钙用作脱氧剂以去除其中的氧化物；用于铸造中，钙可以使铸件中的气体减少，提高铸件的强度和韧性。此外，钙元素还可用于一些医疗领域中，如治疗骨质疏松症、维生素 D 缺乏症等。

知识点 2 钙的化合物

一、氧化钙和氢氧化钙

氧化钙（CaO）俗称生石灰，为白色块状或粉末固体（见图 4-30）。不纯的氧化钙为灰白色，含有杂质时呈淡黄色或灰色，具有吸湿性。

图 4-30 氧化钙固体

氧化钙为碱性氧化物，与水反应生成氢氧化钙并产生大量的热。氧化钙可作为干燥剂去除试样中的水分。

$$CaO + H_2O \xlongequal{} Ca(OH)_2$$

此外，氧化钙还可作为多种化工产品的原料，也可用作土壤改良剂和钙肥。

氢氧化钙俗称熟石灰或消石灰，是一种白色六方晶系粉末状晶体。氢氧化钙加入水后，分上下两层，上层水溶液称作澄清石灰水，下层悬浊液称作石灰乳或石灰浆。上层清液澄清石灰水可以检验二氧化碳，下层浑浊液体石灰乳是一种建筑材料。氢氧化钙是一种强碱，具有杀菌与防腐能力，对皮肤、织物有腐蚀作用。氢氧化钙可用于制造漂白粉，也可作为硬水软化剂、消毒杀虫剂及建筑材料等。

工业制漂白粉：

$$2Cl_2 + 2Ca(OH)_2 \xlongequal{} CaCl_2 + Ca(ClO)_2 + 2H_2O。$$

二、碳酸钙

碳酸钙（$CaCO_3$）是石灰石、大理石等的主要成分，是白色晶体。碳酸钙不溶于水，易与酸反应放出二氧化碳。

$$CaCO_3 + 2HCl \xlongequal{} CaCl_2 + H_2O + CO_2\uparrow$$

碳酸钙虽然是难溶性物质,但是在潮湿环境中会和空气中的二氧化碳和水缓慢发生反应变成碳酸氢钙。溶有碳酸氢钙的水如果受热或遇压强突然变小时,溶在水中的碳酸氢钙就会分解,重新变成碳酸钙沉积下来。

$$CaCO_3 + CO_2 + H_2O \xlongequal{} Ca(HCO_3)_2$$

$$Ca(HCO_3)_2 \xlongequal{} CaCO_3 \downarrow + CO_2 \uparrow + H_2O$$

自然界中不断发生的上述反应形成了溶洞中的各种景观,如图 4-31 所示。

碳酸钙是一种重要的建筑材料,也是一种重要的化工原料,广泛应用于橡胶、塑料、涂料等领域,还是造纸和石油开采等各种工业的重要原料。碳酸钙还有一些特殊的医药和食品用途,如钙片、奶制品等。碳酸钙可用来调节土壤 pH、改善土壤结构,但过量的碳酸钙会影响植物对磷及微量元素的吸收,引起土壤紧缩、渗透性变差等。

图 4-31　溶洞景观

三、氯化钙

氯化钙($CaCl_2$)一般为白色或灰白色多孔块状、粒状和蜂窝状形态,性质非常稳定。氯化钙吸湿性极强,暴露于空气中极易潮解,易溶于水,同时放出大量的热。

氯化钙用途广泛,常作为干燥剂干燥多种气体,如氮气、氢气、氧气、氯气、氯化氢、二氧化硫等,也可以用作醇、酯、醚等有机液体的脱水剂。食品级氯化钙可作为食品添加剂、防腐剂,用作罐头、豆制品的凝固剂等。

【任务实施】

碳酸钙含量的测量

碳酸钙是一种无机盐,在自然界中广泛存在。它是许多生物质的重要组成部分,如贝壳、珊瑚、珍珠、牡蛎、鸡蛋壳等。碳酸钙也是人类骨骼和牙齿的主要组成部分,因此人们可通过服用碳酸钙 D_3 颗粒等来补钙,预防和治疗骨质疏松等疾病。

本次任务中,我们将通过实验探究碳酸钙的性质和反应特点,利用实验室中的仪器和试剂,测定不同物质中的碳酸钙含量。

第一步:查阅

(1)查阅碳酸钙的性质和用途。

(2)了解常见含有碳酸钙的物质。

(3)查阅检测碳酸钙含量的方法。

第二步:决策

我们的决策

选择的测定物质及方法:

所需的仪器和试剂:

测定步骤:

第三步:实施(以"气量法"测鸡蛋壳中碳酸钙含量为例)

(1)用天平称取一定量的洗净并干燥的鸡蛋壳,记录质量 m_a。

(2)用研钵将其研碎后装入锥形瓶。

(3)如图 4-32 所示,搭建好实验装置并检查气密性,装好实验药品。

(4)塞紧瓶塞,从左侧持续缓慢鼓入空气。

(5)一段时间后打开分液漏斗活塞,注入足量稀盐酸。

(6)待锥形瓶中反应完成时停止鼓入空气。

(7)测量碱石灰装置增加的质量 m_b,计算鸡蛋壳中碳酸钙的含量。

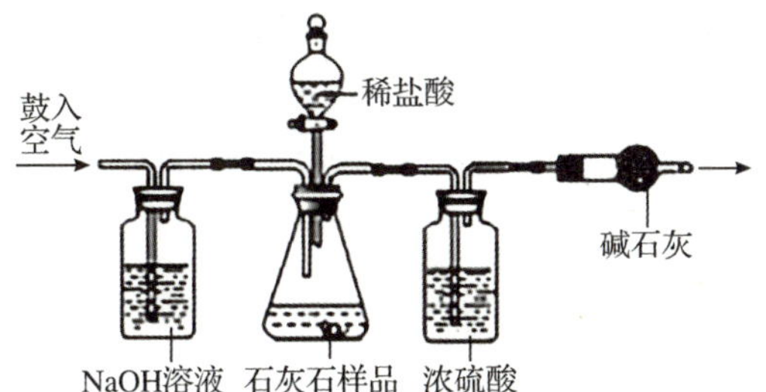

图 4-32　鸡蛋壳中碳酸钙含量的测定装置

第四步:反思与改进

【思考与练习】

1. 下列不属于熟石灰的用途的是(　　)。

A. 作化肥　　B. 改良酸性土壤

C. 作建筑材料　　D. 制作农药波尔多液

2. 自然界中的岩石很多,有的含碳酸钙,有的不含碳酸钙,如果要将它们鉴别开来,需要的试剂是(　　)。

A. 硫酸铜溶液　　B. 澄清石灰水

C. 水　　D. 稀盐酸

3. 在温热气候条件下,浅海地区有厚层的石灰石沉积,而深海地区却很少。下列解释不正确的是(　　)。

A. 与深海地区相比,浅海地区水温较高,有利于游离 CO_2 增多、石灰石沉积

B. 与浅海地区相比,深海地区压强大,石灰石岩层易被 CO_2 溶解,沉积少

C. 深海地区石灰石岩层的溶解反应为:$CaCO_3(s)+H_2O(l)+CO_2(aq)═══Ca(HCO_3)_2(aq)$

D. 海水呈弱酸性,大气中 CO_2 浓度增加,会导致海水中 CO_3^{2-} 浓度增大

4. 在煤中加入适量的生石灰制成供居民采暖用的"环保煤",以降低二氧化硫对空气的污染。"环保煤"燃烧时生石灰吸收二氧化硫的化学方程式为:$2CaO+mSO_2+O_2═══nCaSO_4$ 请回答下列问题:

(1)求 m;

(2)若煤厂一次共加入含氧化钙 80%的生石灰 70t,则理论上最多可吸收二氧化硫多少吨?

5. 钙基热化学储能体系是一种利用钙作为反应剂并通过化学反应释放热能的储能系统。2023 年,中国科学院在该材料的研究中取得了新进展,该材料具有较好的二氧化碳吸附特性和循环稳定性,可助力"双碳"目标的实现。查阅资料,说说钙基热化学储能材料的优点和用途。

【任务评价】

见附录 1。

任务 4.3.3 认识土壤修复

【任务描述】

在前面的学习中，我们已经了解了什么是土壤重金属污染，当土壤受到大面积污染时，需要对其进行污染治理。土壤修复是使遭受污染的土壤恢复正常功能的技术措施。在本任务中，我们将结合实际案例，学习常见的土壤修复技术；通过土壤修复调研，完成调研报告；通过社会实践提高分析和解决问题的能力，锻炼思维及动手能力，培养创新意识和实践能力。

【知识准备】

土壤重金属污染已经成为全球主要的环境污染类型之一，且重金属在土壤中的形态决定了其危害程度及迁移转化效率。

土壤重金属污染修复技术通过阻止污染物的迁移、减少重金属污染的总浓度、降低生物对重金属的富集作用等，实现土壤环境的修复，可分为物理、化学、生物及联合修复方式。

知识点 1 物理修复技术

一、热解析修复技术

热解析修复技术是指通过直接或间接热交换，将污染介质及其所含的有机污染物加热到足够的温度，以使有机污染物从污染介质上得以挥发或分离的过程，适用于具有均质、相对渗透性、非饱和等特点并包含易挥发重金属的土壤。热解析修复技术修复效果好，但热处理温度过高可能会导致土壤分解，破坏土壤微生态环境，降低土壤有机质，进而引起土壤理化性质的改变。直接接触热解析土壤修复过程如图 4-33 所示。

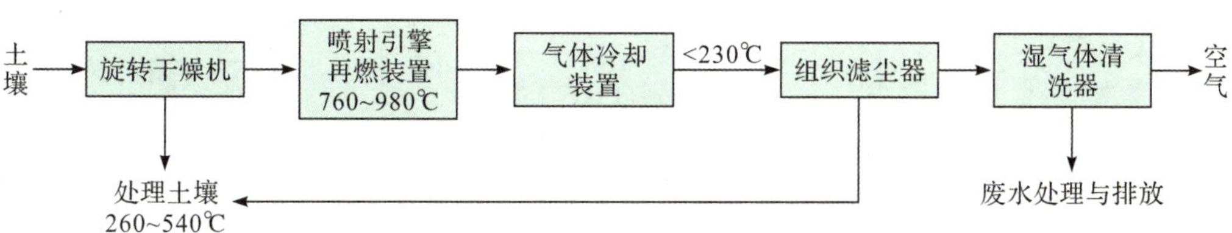

图 4-33 直接接触热解析系统流程

二、客土和换土修复技术

客土通常指的是在被污染的土壤上直接覆盖一层干净的土壤；**换土**即把重金属污染严重超标的土移除，并用未污染的土壤进行填埋与代替。换土、客土与深耕翻土等方式构成了客土和换土修复技术。深耕翻土将表面受重金属污染的土层翻到底部，适用于轻度污染土壤；针对污染较严重的土壤，宜采用异地客土的修复技术。虽然以上修复技术修复效果好、效率高，但存在耗费人力物力、投资较高、损害土壤原有肥力等问题。

三、玻璃化修复技术

将受重金属污染的土壤加热到 2000℃左右并熔化，经过快速冷却形成稳定的玻璃态物质，称为**玻璃化修复技术**。其修复机理为，重金属离子会与玻璃态的非晶态网格发生化学结合并被捕获，形成惰性物质，使其成为玻璃化材料，从而去除土壤中的重金属。玻璃化修复技术适用于高污染、污染面积小、含水率较低的土壤，具有修复效率高、时间短、产物稳定、适用范围广等优势，但高温处理会导致易挥发性重金属的扩散，造成大气环境污染。高温可能也会导致土壤原有生态功能的破坏。

知识点 2 化学修复技术

一、土壤淋洗技术

土壤淋洗技术可分为原位淋洗技术与异位淋洗技术，如图 4-34 所示，原位淋洗具有经济性、彻底性、时间短等优点，异位淋洗适应于面积广、污染严重的重金属污染土壤，但需要运输道路与场地支持该技术的应用。常用的土壤淋洗液主要有盐、氯化镁、活性剂、螯合剂、氧化剂、还原剂等。

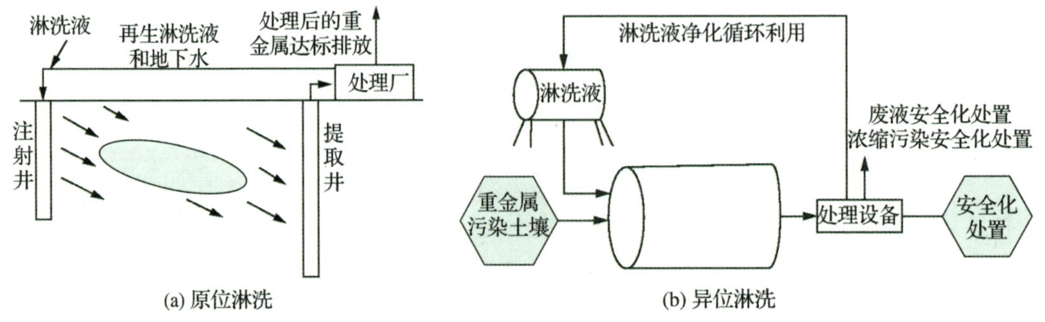

图 4-34　土壤淋洗技术

淋洗机理大体可分为络合、离子交换、酸解等，具体过程：土壤中的重金属污染物被酸溶解并形成溶解态的金属络合物，降低其与土壤的黏附性和表面张力，使重金属转化为可溶形态并从土壤中去除。土壤淋洗修复技术具有修复效率高、时间短、去除较彻底等优点，但淋洗液也可能造成土壤理化性质的改变及周围生态环境的二次污染，且淋洗液分离复杂，对于不可提取的重金属，淋洗修复技术达不到修复效果。

二、化学固定技术

固化/稳定化(Solidification/Stabilization)技术，简称为**S/S土壤修复技术**，具有修复周期短、成本低、工艺简单有效、风险低等优势。S/S土壤修复技术是指向受重金属污染的土壤中适量添加固化/稳定剂，在离子交换、沉淀或共沉淀、吸附等反应的条件下，重金属在土壤中的存在形态发生改变，减少了土壤中重金属的迁移性、浸出性、生物有效性，阻止重金属对生态环境的危害。其中，稳定化一般利用化学药剂钝化土壤中的重金属污染物，减少其生物有效性；固化即采用高结构、完整性的固体对重金属进行封存，从而减少重金属的释放与流动。

常见的固化材料有黏土矿物、生物炭、石灰类改良剂、磷酸盐、金属氧化物、有机肥料等。化学固化法具有成本低、适用广、施工简单等优点，适用于污染面积大、中度或轻度重金属污染的土壤，但该技术对污染物很难彻底清除，可能导致周围环境存在潜在风险，并对人居环境产生不利的影响。

三、电动修复技术

电动修复技术是指在重金属污染土壤的两侧施加直流电压，驱动土壤中的重金属活化，并通过电泳、电渗流、电移使土壤中的重金属离子迁移到电极两端，从而修复土壤污染。电动修复技术的原理装置如图4-35所示。

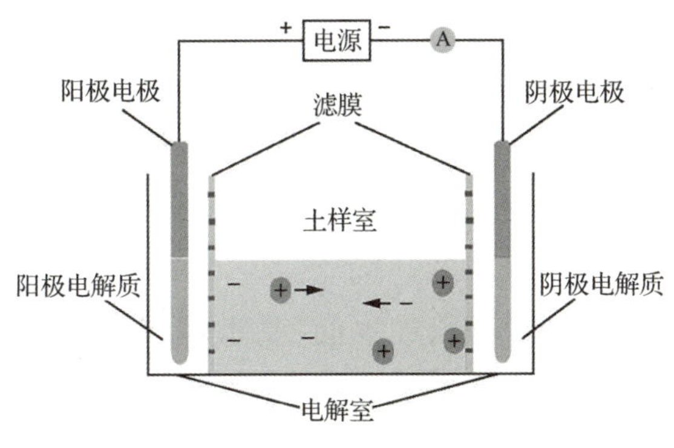

图4-35 电动修复技术

对低渗透性重金属污染的去除适合采用电动修复技术，该技术具有二次污染小、设备简单、去除效率高等优点，但其使用范围有限、修复成本高、引起土壤理化性质改变的缺点限制了该技术的应用与发展，可以与其他类型修复技术联合使用。

知识点 3 生物修复技术

一、植物修复技术

植物修复技术是指利用植物固定、植物稳定、植物提取、植物挥发等机制修复土壤重金属污染。植物修复技术具有操作简单、绿色环保、经济、公众接受度高等优点，适用于扩散性强、具有细粒结构、污染面积较广的受污染土壤。修复原理如图 4-36 所示。植物通常通过根系稳定与吸收进行转运、修复土壤重金属污染。

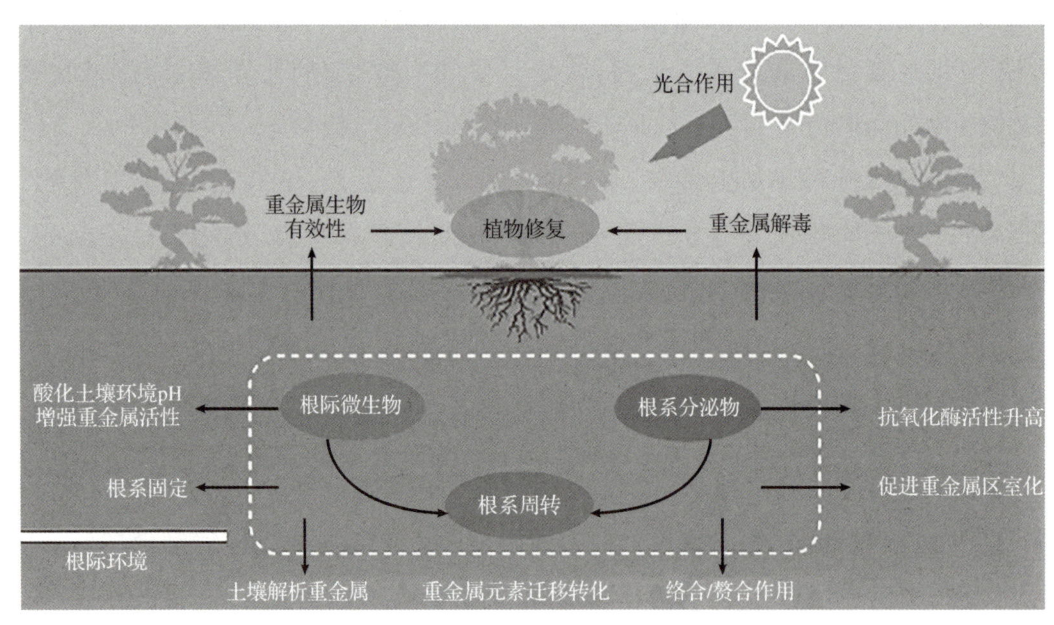

图 4-36　植物修复技术

虽然植物修复技术具有较多优点，但也存在生物量小、修复时间较长、对深度污染土壤无法修复等问题。

二、微生物修复技术

微生物修复技术具有环境友好、成本低、节能、公众接受度高等优点，但也存在很多问题，如受环境条件、微生物多样性等的阻碍。为了提高其修复效率，一方面可以通过外加营养元素或采用基因工程的技术方法进行改良，另一方面可以通过寻找抗重金属胁迫的优势菌种或采用联合修复的方式提高修复效率。

三、动物修复技术

动物修复技术是指利用土壤中的动物对重金属进行富集和转化，之后收集土壤动物进行后续处理，从而修复土壤重金属污染。目前国内对土壤动物修复的实践较少，未来可采用动物修复技术辅助已经成熟的土壤修复技术，使修复的速率和效率得到提升。

知识点4 联合修复技术

与单一技术相比，联合修复技术（如土壤改良剂-微生物联合修复、微生物-植物联合修复等多种修复方法联合使用）可以使土壤中的微生物群落更加多样化，改善植物根际效应，强化土壤重金属的修复效果。相较于单一的土壤修复技术，土壤重金属联合修复技术的效果更好，潜在经济效益更高。

【任务实施】

土壤污染及修复情况的调研

土壤是人类赖以生存发展的基础之一，但当前全球大量土壤已受到或正面临着重金属污染。目前人们已经提出了多种物理、化学、生物修复等方法，均有各自的优势与劣势，因此实施土壤修复之前，需要对已成熟的土壤修复技术进行对比，以便采用最适宜的土壤修复技术。以小组为单位对周边土壤污染情况及土壤修复情况进行调研，完成一份调查报告。

第一步：查阅

（1）查阅资料，了解常见的土壤重金属修复的方法和典型的土壤修复案例。

（2）了解目标土地的利用情况。

（3）了解调查报告的组成、格式和基本特点。

第二步：决策

（1）确定本次调研对象、调研任务的主题和具体调研内容。

（2）成立调研小组并组织规划行程。

我们的决策

调研的主题：

选择的对象：

调研框架及主要内容：

调研小组成员：

第三步：实施（调查报告范例）

×××地土壤修复调研报告

调查背景及目的：

调查范围及地点：

调查方法及程序：

调查内容及分析：

（包括所在地土壤性质、污染物来源及污染现状、修复方案、修复措施、技术原理、修复成效等方面）

结论与建议：

第四步：反思与改进

【思考与练习】

1. 各种形态重金属的活性和毒性等差别较大，其中（　　）重金属的迁移转化能力最高，其毒性和生物有效性也最大。

A. 有机结合态　　B. 可交换态

C. 残渣态　　D. 碳酸盐结合态

2. 土壤修复技术中，不适用的是（　　）。

A. 热脱附处理挥发性有机物　　B. 植物修复大面积重金属污染

C. 淋洗法高效修复黏土污染　　D. 化学氧化降解有机污染物

3. 下列不属于土壤物理修复技术的是（　　）。

A. 热处理技术　　B. 土壤淋洗技术

C. 玻璃化修复技术　　D. 客土和换土修复技术

4. 简述生物修复技术的原理及其优势和局限。

5. 请论述你认为最有效的土壤修复方法，并给出理由。

【任务评价】

见附录1。

【思政微课堂】

耐盐水稻再创纪录，粮食安全再添“中国贡献”

“盐碱地白花花，一年种几茬。小苗没多少，秋后不收啥。”盐碱地是指在自然或人为的作用下，土壤表层所含的盐分或碱含量超出了一定的标准。大量的盐碱成分会破坏土壤的理化性质，致使植物生长受到抑制，甚至不能生长。盐碱地一度被称为土地的“绝症”。第三次全国国土调查结果统计，我国盐碱地的总面积约15亿亩，居世界第三位，其中具有开发利用潜力的约5亿亩。我国耕地家底并不丰厚，而且质量总体不高。盐碱地是我国耕地扩容、提质、增效的重要战略后备资源，是我国粮食增产的“潜在粮仓”。

2020年10月，由袁隆平“海水稻”团队和江苏省农业技术推广总站合作试验种植的耐盐水稻在江苏如东栟茶方凌垦区进行测产。经实测，“超优千号”耐盐水稻的平均亩产量达到802.9公斤，创下盐碱地水稻高产新纪录。耐盐水稻通俗来说就是“海水稻”，指的是能够在一定浓度盐碱地中生长的水稻品种。盐碱地的土壤往往非常贫瘠，不利于农作物生长。通过推广种植“海水稻”可让亿亩荒滩变粮仓，一方面提高了粮食总产、保证口粮安全，另一方面水稻生长的水环境可对盐碱地的可溶性盐碱起到淋溶降盐作用，利于改善土壤的盐碱程度，保护生态环境。

民以食为天，粮以地为本。“海水稻”改造盐碱地的价值巨大，前景广阔。希望大家不忘像袁隆平院士这样的先驱多年来的努力，从身边事做起，保护土壤生态环境，保卫粮食安全。

模块小结

一、大气污染及其防治

(一)认识大气污染

分散系是由分散质和分散剂组成的混合体系。

气溶胶是指悬浮在气体介质中的固态或液态颗粒所组成的气态分散体系。

(二)认识硫及其化合物

1. 二氧化硫的性质

二氧化硫是一种无色、有刺激性气味的气体，其密度大于空气，易溶于水。吸入二氧化硫对人体有害。除了具有氧化性、还原性外，二氧化硫还具有酸性氧化物的一般性质。

2. 自然界的硫

硫是淡黄色的固体，不溶于水，微溶于酒精，易溶于二硫化碳。硫单质能与金属铁、氧气反应。

3. 硫酸及其盐

纯硫酸是无色油状液体。硫酸是一种强酸，具有氧化性、吸水性和脱水性。

重要的硫酸盐有石膏、皓矾、重晶石、芒硝、绿矾等。

(三)认识碳中和

1. 化学反应速率

通常用单位时间内反应物浓度的减少或生成物浓度的增加来表示化学反应速率。化学反应速率主要由反应物的性质来决定。其影响因素主要有浓度、压强、温度、催化剂等。

2. 化学平衡及移动

当反应进行到一定程度时，正反应速率与逆反应速率相等，反应物的浓度和生成物的浓度都不再改变，这种状态称为化学平衡状态，简称化学平衡。当平衡条件发生改变时，旧化学平衡被破坏，建立新化学平衡的过程叫作化学平衡的移动。

勒夏特列原理：如果改变影响平衡的一个条件（如浓度、压强、温度等），平衡就向能够减弱这种改变的方向移动。

二、水体污染及其净化

（一）认识富营养化

1. 水体富营养化

水体富营养化是一种 N、P 等含量过多所引起的水质污染现象。

2. 氮及其化合物

氮气是一种无色、无味的气体，是大气中的最主要成分之一，约占空气的 78%。氮气的性质非常稳定，但在一定条件下能与氢气、氧气、金属等物质发生化学反应。

氨气是一种无色、有强烈刺激性气味的气体，极易溶于水形成氨水。

NO 无色，不溶于水，易与空气中的氧气反应生成二氧化氮。

NO_2 为红棕色气体，与水反应生成硝酸。

纯硝酸为无色、容易挥发的液体。硝酸具有很强的酸性，是三大强酸之一。硝酸具有强氧化性。

3. 水体中的氮循环

水体中的氮循环是指氮元素在水体中不断转化和转移的过程，包括氮的沉降、氮的固定、氮的硝化、氮的反硝化、氮的溶解、氮的沉降和沉积六个过程。

（二）认识 pH

1. 水的电离

水存在着微弱的电离。一定温度下，纯水中 H^+ 浓度和 OH^- 浓度的乘积是一个常数。这个常数称为水的离子积常数，简称水的离子积。水的离子积会随温度的变化而变化，但在室温附近变化很小，一般都以 $K_w = 1\times10^{-14}$ 进行计算。

2. 溶液的 pH

为方便起见，稀溶液中 $[H^+]$ 可用 pH 表示，$pH = -\lg[H^+]$。

酸性溶液：$[H^+] > 1\times10^{-7}\,mol\cdot L^{-1}$，$pH < 7$。

碱性溶液：$[H^+] < 1\times10^{-7}\,mol\cdot L^{-1}$，$pH > 7$。

中性溶液：$[H^+] = 1\times10^{-7}\,mol\cdot L^{-1}$，$pH = 7$。

3. 溶液 pH 的测定

测定溶液的 pH 有多种方法，可以根据检测要求的精确度选用不同的方法。酸碱指示剂是常用的指示溶液酸碱性的试剂。检测要求精确，可以用 pH 计(也称酸度计)等仪器；检测要求不高，可简单地使用 pH 试纸、石蕊试纸等。

(三)认识水净化

1. 水净化

水净化是指通过物理或化学方法去除水中的污染物，使水达到特定的质量指标，以满足不同的使用需求。常用的净化方式有离子交换、活性炭吸附、反渗透等。

2. 盐类水解

由盐电离产生的弱酸酸根离子或弱碱阳离子与水电离出来的 H^+ 或 OH^- 相结合，生成弱电解质的反应叫作盐类的水解，是中和反应的逆反应。

强酸弱碱盐水解呈酸性，强碱弱酸盐水解呈碱性，强酸强碱盐不水解，弱酸弱碱盐的水解较复杂。

三、土壤污染及其净化

(一)认识土壤污染

1. 土壤污染

土壤污染是指人类活动中所产生的污染物质通过各种途径进入土壤，其数量超过了土壤的容纳和同化能力，而使土壤的性质、组成及性状发生变化，并导致土壤的自然功能失调、土壤质量恶化的现象。

2. 铜的性质

铜的物理性质：(紫)红色金属，硬度较小，具有很好的导电、导热和延展性。

铜的化学性质：铜是一种过渡金属元素，化学符号 Cu，原子序数 29，其常见的化合价有+1、+2 价，其中以+2 价为主。铜可以发生以下化学反应：

(1)与非金属反应：O_2、Cl_2、S 等。

(2)与酸反应：浓 H_2SO_4、HNO_3 等。

(3)与盐溶液反应：$AgNO_3$、$FeCl_3$ 等。

3. 铜的化合物

(1)氧化铜(CuO)是铜和氧反应生成的一种铜化合物，是一种黑色固体。氧化亚铜(Cu_2O)是铜和氧反应生成的一种红色固体。

(2)氢氧化铜是一种蓝色絮状沉淀，难溶于水，微毒。

(3)硫酸铜又叫无水硫酸铜，为白色或灰白色粉末。

(二)认识钙及其化合物

1. 钙的性质

钙的物理性质:银白色、质稍软的金属,有金属光泽。

钙的化学性质:较为活泼,因此在自然界中多以化合物形式存在。钙可以发生以下化学反应:

(1)与非金属反应:O_2、N_2、H_2、C、卤素等。

(2)与酸和水反应:盐酸、稀 H_2SO_4、H_2O。

(3)还原金属氯化物、氧化物。

2. 钙的化合物

(1)氧化钙(CaO)俗称生石灰,白色块状或粉末固体,为碱性氧化物,与水反应生成氢氧化钙并产生大量的热,有腐蚀性。

(2)碳酸钙($CaCO_3$)是白色晶体,中性,基本不溶于水,易与酸反应放出二氧化碳。

(3)氯化钙($CaCl_2$)一般为白色或灰白色多孔块状、粒状和蜂窝状形态,性质非常稳定。氯化钙吸湿性极强,暴露于空气中极易潮解。

(三)认识土壤修复

土壤中的重金属一般可分为水溶态、碳酸盐结合态、可交换态、有机物结合态、铁锰氧化态、残渣态等存在形式。

物理修复技术:热解析修复技术、客土和换土修复技术、玻璃化修复技术。

化学修复技术:土壤淋洗技术、化学固定技术、电动修复技术。

生物修复技术:植物修复技术、微生物修复技术、动物修复技术。

联合修复技术:与单一技术相比,联合修复技术可以使土壤中的微生物群落更加多样化,改善植物根际效应,强化土壤重金属的修复效果。

参考文献

[1] 旷英姿.化学基础[M].2版.北京:化学工业出版社,2008.

[2] 人民教育出版社,课程教材研究所,化学课程教材研究开发中心.普通高中教科书.化学[M].北京:人民教育出版社,2019.

[3] 王祖浩.普通高中教科书.化学[M].南京:江苏凤凰教育出版社,2019.

[4] 王磊,陈光巨.普通高中教科书.化学[M].济南:山东科学技术出版社,2019.

附录1　任务评价样表

	评价内容	评价等级	评价分值
学生自评	1.知识原理的掌握度 2.实验操作的熟练度 3.实验结果的准确度	1□　2□　3□　4□　5□ 1□　2□　3□　4□　5□ 1□　2□　3□　4□　5□	
组内互评	1.实施过程中的学习态度 2.团队协作的融洽度 3.实验安全意识	1□　2□　3□　4□　5□ 1□　2□　3□　4□　5□ 1□　2□　3□　4□　5□	
教师评价	1.实验过程规范性 2.方案创新意识 3.小组合作意识	1□　2□　3□　4□　5□ 1□　2□　3□　4□　5□ 1□　2□　3□　4□　5□	
总评分数			

附录2　本书配套数字资源索引

任务	视频名称	页码
1.2.1　认识电解质	不同电解质导电能力对比	23
1.2.2　认识离子反应	探究离子反应的本质($CuSO_4$、NaCl、$BaCl_2$)	27
2.1.1　认识碳酸钠、碳酸氢钠	碳酸钠和碳酸氢钠的物理性质	53
	碳酸钠和碳酸氢钠化学性质比较	54
2.1.2　认识金属钠	加热金属钠	57
	钠与水反应	58
2.1.3　认识氧化钠、过氧化钠	过氧化钠与水反应	62
	过氧化钠与二氧化碳反应	62
2.2.1　认识盐酸	实验室制取氯化氢	69
2.2.2　认识氯气	氯水的性质探究	74
	实验室制取氯气	75
2.2.3　认识卤族元素	卤素单质之间的置换反应	80
2.3.1　认识氧化还原反应	铁和硫酸铜的反应	87
2.3.3　认识生活中的电化学	铜锌原电池	96
3.1.1　认识铁碳合金	$Fe(OH)_2$ 和 $Fe(OH)_3$ 的制取	109
	检验 Fe^{3+} 和 Fe^{2+}	110
	Fe^{3+} 和 Fe^{2+} 的转化	110
3.1.2　认识铝合金	铝与酸反应	116
	铝与碱反应	116
	氢氧化铝两性探究实验	119
	氢氧化铝的制备	119

续表

任务	视频名称	页码
4.1.2　认识硫及其化合物	浓硫酸的脱水性	156
4.1.3　认识碳中和(反应速率和平衡)	浓度对化学反应速率的影响	163
	温度对化学反应速率的影响	164
	催化剂对化学反应速率的影响	164
	浓度对化学平衡的影响	166
	压强对化学平衡的影响	167
	温度对化学平衡的影响	167
4.3.1　认识土壤污染(Cu 离子)	冶炼金属铜	195

附录3 元素周期表

氧化态（单质的氧化态为0，未列入；常见的为红色）

以 $^{12}C=12$ 为基准的相对原子质量（注✦的是半衰期最长同位素的相对原子质量）

图例	
+2 +3 +4 +5 +6	95 — 原子序数
Am	元素符号（红色的为放射性元素）
镅▲	元素名称（注▲的为人造元素）
$5f^7 7s^2$	价层电子构型
243.06✦	

s区元素　p区元素　d区元素　ds区元素　f区元素　稀有气体

周期＼族	1 IA	2 IIA	3 IIIB	4 IVB	5 VB	6 VIB	7 VIIB	8 VIIIB	9 VIIIB	10 VIIIB	11 IB	12 IIB	13 IIIA	14 IVA	15 VA	16 VIA	17 VIIA	18 VIIIA	电子层
1	-1 +1 1 H 氢 $1s^1$ 1.00794(7)																	2 He 氦 $1s^2$ 4.002602(2)	K
2	+1 3 Li 锂 $2s^1$ 6.941(2)	+2 4 Be 铍 $2s^2$ 9.012182(3)											+3 5 B 硼 $2s^2 2p^1$ 10.811(7)	-4 +2 +4 6 C 碳 $2s^2 2p^2$ 12.0107(8)	-3 -2 -1 +1 +2 +3 +4 +5 7 N 氮 $2s^2 2p^3$ 14.0067(2)	-2 -1 8 O 氧 $2s^2 2p^4$ 15.9994(3)	-1 9 F 氟 $2s^2 2p^5$ 18.9984032(5)	10 Ne 氖 $2s^2 2p^6$ 20.1797(6)	L K
3	-1 +1 11 Na 钠 $3s^1$ 22.989770(2)	+2 12 Mg 镁 $3s^2$ 24.3050(6)											+3 13 Al 铝 $3s^2 3p^1$ 26.981538(2)	-4 +2 +4 14 Si 硅 $3s^2 3p^2$ 28.0855(3)	-3 -2 +1 +3 +5 15 P 磷 $3s^2 3p^3$ 30.973761(2)	-2 +2 +4 +6 16 S 硫 $3s^2 3p^4$ 32.065(5)	-1 +1 +3 +5 +7 17 Cl 氯 $3s^2 3p^5$ 35.453(2)	18 Ar 氩 $3s^2 3p^6$ 39.948(1)	M L K
4	-1 +1 19 K 钾 $4s^1$ 39.0983(1)	+2 20 Ca 钙 $4s^2$ 40.078(4)	+3 21 Sc 钪 $3d^1 4s^2$ 44.955910(8)	-1 0 +2 +3 +4 22 Ti 钛 $3d^2 4s^2$ 47.867(1)	0 ±1 +2 +3 +4 +5 23 V 钒 $3d^3 4s^2$ 50.9415	-3 0 ±1 ±2 +3 +4 +5 +6 24 Cr 铬 $3d^5 4s^1$ 51.9961(6)	-2 0 ±1 +2 ±3 +4 +5 +6 +7 25 Mn 锰 $3d^5 4s^2$ 54.938049(9)	-2 0 ±1 +2 +3 +4 +6 26 Fe 铁 $3d^6 4s^2$ 55.845(2)	0 ±1 +2 +3 +4 +5 27 Co 钴 $3d^7 4s^2$ 58.933200(9)	0 ±1 +2 +3 +4 28 Ni 镍 $3d^8 4s^2$ 58.6934(2)	+1 +2 +3 +4 29 Cu 铜 $3d^{10} 4s^1$ 63.546(3)	+1 +2 30 Zn 锌 $3d^{10} 4s^2$ 65.409(4)	+1 +3 31 Ga 镓 $4s^2 4p^1$ 69.723(1)	+2 +4 32 Ge 锗 $4s^2 4p^2$ 72.64(1)	-3 +3 +5 33 As 砷 $4s^2 4p^3$ 74.92160(2)	-2 +2 +4 +6 34 Se 硒 $4s^2 4p^4$ 78.96(3)	-1 +1 +3 +5 +7 35 Br 溴 $4s^2 4p^5$ 79.904(1)	+2 +4 36 Kr 氪 $4s^2 4p^6$ 83.798(2)	N M L K
5	-1 +1 37 Rb 铷 $5s^1$ 85.4678(3)	+2 38 Sr 锶 $5s^2$ 87.62(1)	+3 39 Y 钇 $4d^1 5s^2$ 88.90585(2)	+1 +2 +3 +4 40 Zr 锆 $4d^2 5s^2$ 91.224(2)	0 ±1 +2 +3 +4 +5 41 Nb 铌 $4d^4 5s^1$ 92.90638(2)	0 ±1 ±2 +3 +4 +5 +6 42 Mo 钼 $4d^5 5s^1$ 95.94(2)	0 ±1 +2 +3 +4 +5 +6 +7 43 Tc 锝▲ $4d^5 5s^2$ 97.907✦	0 +1 +2 +3 +4 +5 +6 +7 +8 44 Ru 钌 $4d^7 5s^1$ 101.07(2)	0 ±1 +2 +3 +4 +5 +6 45 Rh 铑 $4d^8 5s^1$ 102.90550(2)	0 +1 +2 +3 +4 46 Pd 钯 $4d^{10}$ 106.42(1)	+1 +2 +3 47 Ag 银 $4d^{10} 5s^1$ 107.8682(2)	+1 +2 48 Cd 镉 $4d^{10} 5s^2$ 112.411(8)	+1 +3 49 In 铟 $5s^2 5p^1$ 114.818(3)	+2 +4 50 Sn 锡 $5s^2 5p^2$ 118.710(7)	-3 +3 +5 51 Sb 锑 $5s^2 5p^3$ 121.760(1)	-2 +2 +4 +6 52 Te 碲 $5s^2 5p^4$ 127.60(3)	-1 +1 +3 +5 +7 53 I 碘 $5s^2 5p^5$ 126.90447(3)	+2 +4 +6 +8 54 Xe 氙 $5s^2 5p^6$ 131.293(6)	O N M L K
6	-1 +1 55 Cs 铯 $6s^1$ 132.90545(2)	+2 56 Ba 钡 $6s^2$ 137.327(7)	57~71 La~Lu 镧系	+1 +2 +3 +4 72 Hf 铪 $5d^2 6s^2$ 178.49(2)	0 ±1 +2 +3 +4 +5 73 Ta 钽 $5d^3 6s^2$ 180.9479(1)	0 ±1 ±2 +3 +4 +5 +6 74 W 钨 $5d^4 6s^2$ 183.84(1)	0 ±1 +2 +3 +4 +5 +6 +7 75 Re 铼 $5d^5 6s^2$ 186.207(1)	0 +1 +2 +3 +4 +5 +6 +7 +8 76 Os 锇 $5d^6 6s^2$ 190.23(3)	0 ±1 +2 +3 +4 +5 +6 77 Ir 铱 $5d^7 6s^2$ 192.217(3)	0 +2 +3 +4 +5 +6 78 Pt 铂 $5d^9 6s^1$ 195.078(2)	+1 +2 +3 +5 79 Au 金 $5d^{10} 6s^1$ 196.96655(2)	+1 +2 +3 80 Hg 汞 $5d^{10} 6s^2$ 200.59(2)	+1 +3 81 Tl 铊 $6s^2 6p^1$ 204.3833(2)	+2 +4 82 Pb 铅 $6s^2 6p^2$ 207.2(1)	-3 +3 +5 83 Bi 铋 $6s^2 6p^3$ 208.98038(2)	-2 +2 +4 +6 84 Po 钋 $6s^2 6p^4$ 208.98✦	±1 +3 +5 +7 85 At 砹 $6s^2 6p^5$ 209.99✦	+2 86 Rn 氡 $6s^2 6p^6$ 222.02✦	P O N M L K
7	+1 87 Fr 钫▲ $7s^1$ 223.02✦	+2 88 Ra 镭 $7s^2$ 226.03✦	89~103 Ac~Lr 锕系	104 Rf 𬬻▲ $6d^2 7s^2$ 261.11✦	105 Db 𬭊▲ $6d^3 7s^2$ 262.11✦	106 Sg 𬭳▲ $6d^4 7s^2$ 263.12✦	107 Bh 𬭛▲ $6d^5 7s^2$ 264.12✦	108 Hs 𬭶▲ $6d^6 7s^2$ 265.13✦	109 Mt 鿏▲ $6d^7 7s^2$ 266.13	110 Ds 𫟼▲ (269)	111 Rg 𬬭▲ (272)✦	112 Uub▲ (277)✦	113 Uut▲ (278)✦	114 Uuq▲ (289)✦	115 Uup▲ (288)✦	116 Uuh▲ (289)✦			Q P O N M L K

★ 镧系	+3 57 La★ 镧 $5d^1 6s^2$ 138.9055(2)	+2 +3 +4 58 Ce 铈 $4f^1 5d^1 6s^2$ 140.116(1)	+3 +4 59 Pr 镨 $4f^3 6s^2$ 140.90765(2)	+2 +3 +4 60 Nd 钕 $4f^4 6s^2$ 144.24(3)	+3 61 Pm 钷▲ $4f^5 6s^2$ 144.91✦	+2 +3 62 Sm 钐 $4f^6 6s^2$ 150.36(3)	+2 +3 63 Eu 铕 $4f^7 6s^2$ 151.964(1)	+3 64 Gd 钆 $4f^7 5d^1 6s^2$ 157.25(3)	+3 +4 65 Tb 铽 $4f^9 6s^2$ 158.92534(2)	+3 +4 66 Dy 镝 $4f^{10} 6s^2$ 162.500(1)	+3 67 Ho 钬 $4f^{11} 6s^2$ 164.93032(2)	+3 68 Er 铒 $4f^{12} 6s^2$ 167.259(3)	+2 +3 69 Tm 铥 $4f^{13} 6s^2$ 168.93421(2)	+2 +3 70 Yb 镱 $4f^{14} 6s^2$ 173.04(3)	+3 71 Lu 镥 $4f^{14} 5d^1 6s^2$ 174.967(1)
★ 锕系	+3 89 Ac★ 锕 $6d^1 7s^2$ 227.03✦	+3 +4 90 Th 钍 $6d^2 7s^2$ 232.0381(1)	+3 +4 +5 91 Pa 镤 $5f^2 6d^1 7s^2$ 231.03588(2)	+2 +3 +4 +5 +6 92 U 铀 $5f^3 6d^1 7s^2$ 238.02891(3)	+3 +4 +5 +6 +7 93 Np 镎 $5f^4 6d^1 7s^2$ 237.05✦	+3 +4 +5 +6 +7 94 Pu 钚 $5f^6 7s^2$ 244.06✦	+2 +3 +4 +5 +6 95 Am 镅▲ $5f^7 7s^2$ 243.06✦	+3 +4 96 Cm 锔▲ $5f^7 6d^1 7s^2$ 247.07✦	+3 +4 97 Bk 锫▲ $5f^9 7s^2$ 247.07✦	+2 +3 +4 98 Cf 锎▲ $5f^{10} 7s^2$ 251.08✦	+2 +3 99 Es 锿▲ $5f^{11} 7s^2$ 252.08✦	+2 +3 100 Fm 镄▲ $5f^{12} 7s^2$ 257.10✦	+2 +3 101 Md 钔▲ $5f^{13} 7s^2$ 258.10✦	+2 +3 102 No 锘▲ $5f^{14} 7s^2$ 259.10✦	+3 103 Lr 铹▲ $5f^{14} 6d^1 7s^2$ 260.11✦